ARBEITSGEMEINSCHAFT FÜR FORSCHUNG
DES LANDES NORDRHEIN-WESTFALEN

GEISTESWISSENSCHAFTEN

120. SITZUNG
AM 19. JANUAR 1966
IN DÜSSELDORF

ARBEITSGEMEINSCHAFT FÜR FORSCHUNG
DES LANDES NORDRHEIN-WESTFALEN

GEISTESWISSENSCHAFTEN

HEFT 133

TILEMANN GRIMM

China und Südostasien in Geschichte und Gegenwart

HERAUSGEGEBEN
IM AUFTRAGE DES MINISTERPRÄSIDENTEN Dr. FRANZ MEYERS
VON STAATSSEKRETÄR i. e. R. PROF. Dr. h. c., Dr. E. h. LEO BRANDT

TILEMANN GRIMM

China und Südostasien in Geschichte und Gegenwart

SPRINGER FACHMEDIEN WIESBADEN GMBH

ISBN 978-3-663-03118-5 ISBN 978-3-663-04307-2 (eBook)
DOI 10.1007/978-3-663-04307-2

Ursprünglich erschienen bei Westdeutscher Verlag, Köln und Opladen 1966

INHALT

I.

Wenn das hier gesetzte Thema einem großen Netze gleich über Zeiten und Räume hin ausgebreitet wird und mehrere Probleme in eins gebracht sind, so geschieht dies nicht etwa der perspektivischen Verzerrung zuliebe, die uns Fernerliegendes klein genug erscheinen läßt, um es im Haufen betrachten zu können und daran unser Genüge zu finden, sondern weil die beiden Größen, die in diesem Thema angesprochen werden, China und Südostasien, räumlich und geschichtlich einander adäquat sind. Wenn es darum geht, in jenem Teil der Welt Chinas historische Position aufzuzeigen, aus der heraus es heute Politik treibt, so kann der Betrachter sich nicht mit einem der südostasiatischen Länder begnügen, sosehr ihm dieses am Herzen liegen möge, er muß versuchen, Chinas Verhältnis zur südlichen Region, die unsere Väter „Hinterindien" genannt haben, als Ganzes ins Auge zu fassen – als Ganzes, das will besagen, in seinem inneren Zusammenhang und im Verhältnis zu unserer Welt. Denn das Verhältnis Chinas zu den südostasiatischen Ländern ist auch von großer aktueller Bedeutung, es ist in diesem Augenblick sogar das erste unter den weltpolitischen Problemen, deren Lösung am Rande des nuklearen Abgrundes vor sich gehen muß. Wird doch immer deutlicher und immer bedrängender erkennbar, wie sehr die asiatisch-pazifische Teilszene des zweiten Weltkrieges gegenüber der europäisch-atlantischen an Weltbedeutung, ja, an Weltgefährdung zugenommen hat. Man mag diesen Sachverhalt als Konsequenz aus der Westdrift der amerikanischen Expansion ansehen, aber es ist wohl deutlich, daß es vor allem die beiden ostasiatischen Nationen Japan und China sind, deren politische, wirtschaftliche und geistige Entwicklung dieses moderne Weltproblem konstituiert, besonders im Falle Chinas eine Entwicklung, die nicht einfach unseres Jahrhunderts ist, sondern aus einer über mehr als zwei Jahrtausende reichenden bewußten Reichstradition herauswächst und in eine kaum zu ermessende Zukunft weist.

Es geht hier nun nicht in erster Linie um weltpolitische Aktualität, sondern vielmehr um den Nachweis eines räumlich-menschlichen Zusammenlebens, einer historischen Nachbarschaft und Sonderung, die weit in die Geschichte zurückreichen – wenn wir vor- und frühgeschichtliche Funde leichthin mit schriftlich bezeugten Vorgängen und Zuständen in Einklang bringen könnten, sogar bis in das Neolithikum. In dem Bemühen um einen solchen Nachweis aber werden wir die weltpolitische Aktualität nie aus unserem Bewußtsein verbannen können. Wir müssen uns sogar fragen, ob nicht der Historiker außereuropäischer Räume und Kulturen gerade darauf achthaben muß, daß er dem „hic et nunc" die ausreichende Erklärung gibt? Da uns unser weltgeschichtliches Dasein einfach zum Ernstnehmen dessen zwingt, was aus den Nebenstromtälern dem einheitlichen Fluß der modernen Weltgeschichte zugetrieben ist, wie Herbert Franke es einmal ausgedrückt hat [1], zwingt es auch den Schilderer jener Nebenströme, an die Einmündung zu denken, wo immer er sich bewegt. Universalgeschichtliche Perspektiven konvergieren in unserer Zeit, weil wir es sind, die aus dem Erlebnis des Erdkreises nach seiner Geschichte fragen.

Wenn es also erlaubt sei, die Geschichte so auf die Gegenwart bezogen zu sehen, ohne das jeweilige Sosein von Ereignisabläufen und Menschheitszuständen zu übersehen, soll China aus seiner alten Mittelpunktlage heraus begreiflich gemacht werden, wie es sich im Gegenüber zur großen südlichen Region äußert, die ihm als Region der Wärme, der schier undurchdringlichen Bergwälder und unüberquerbaren Riesenströme erscheint, als Region der Wildvölker und als Region der erstaunlich wohlgeordneten Reistallandschaften mit ihren Fürsten, ihrem Adel und Abgabensystem. Chinas Gegenüber zum heutigen festländischen Südostasien, das sind die Länder Birma, die darin aufgenommenen Schan-Staaten, Thailand, Laos, Kambodscha und Vietnam – die malayo-polynesische Inselwelt tritt demgegenüber zurück – ist hervorgegangen aus einem älteren Zustand, in welchem die sich bildende chinesische Hochkultur nicht-chinesischen Nachbarkulturen im heute chinesischen Lebensraum selber gegenübertrat. Die Gebirgsgrenze, die heute in Süd-Yünnan und entlang der von dem Franzosen G. Devéria so benannten „Frontière Sino-Annamite" verläuft [2], hat einmal in dem Raum um den Yangtse-Strom gelegen. Soweit kann man mit den Darstellungen und Hinweisen der meisten Autoren übereinstimmen, die sich über diesen Völ-

[1] Vgl. Sinologie (Bd. 19 der Wissenschaftlichen Forschungsberichte, Geisteswissenschaftliche Reihe), Bern 1953, 110.

[2] G. Devéria, La Frontière Sino-Annamite, Paris 1886.

kerschub in Ostasien Gedanken gemacht haben [3], wenn wir damit zugleich die geschichtliche Sonderstellung der südostasiatischen Völker hervorheben. Sie läßt sich unter drei Gesichtspunkten fassen: die sprachlich und kulturell andere Ausgangslage dieser Völker, ihre Erfassung durch den indischen Kulturkreis und endlich ihre Behauptung gegenüber der Machtsteigerung des imperialen China. All dies gehört zwar in die Entwicklung vor dem Impakt der Europäisierung, die wir vielleicht besser und allgemeiner Modernisierung nennen, trotzdem spielt es in den Modernisierungsprozeß selber hinein und beeinflußt ihn – wie weit und wie lange noch? Darüber sollen am Schluß dieser Betrachtung noch einige Worte gesagt werden.

II.

Historisch wird das Phänomen der Sonderung analog zu den drei genannten Punkten faßbar als ostasiatische Völkerwanderung, als „Hinduisierung" Südostasiens und als imperialer Ausgriff Chinas nach Südostasien. Es verschlägt dabei nicht viel, wenn unsere Berichterstattung nicht streng chronologisch vorgeht. Die Völkerwanderung hat vor der Hinduisierung begonnen und hält heute noch an, die Hinduisierung ist dagegen als passée anzusehen, Versuche der Wiederanknüpfung etwa auf dem Wege einer Erneuerung des Buddhismus von Südostasien aus, die sich auch Indien zuwenden möchte, scheinen zu ephemer zu sein, um weltpolitisch ins Gewicht zu fallen. Und was den imperialen Ausgriff Chinas anbetrifft, so ist er ebenso alt wie neu. Es geht hier eben weniger um Etappen als um bestimmte Typen dieser weltgeschichtlichen Auseinandersetzung.

Den umfassendsten Versuch einer Beschreibung und Deutung des Völkerschubes in diesem Weltteil hat Egon von Eickstedt unternommen in seinem 1944 erschienenen Buch „Rassendynamik von Ostasien" [4]. Es hat seine problematischen Seiten: befangen in einer vornehmlich anthropologisch-rassenkundlichen Betrachtungsweise hat der Autor starke Vereinfachungen vorgenommen, die zudem weithin auf Annahmen beruhen – aber es ist ihm auf Grund seiner persönlichen Anschauung, die er auf ausgedehnten Reisen gewonnen hat, doch gelungen, den Gesamtprozeß als Einheit zu fassen und

[3] 1. E. Frhr. v. Eickstedt, Rassendynamik von Ostasien, Berlin 1944, (Bibliographie!);
2. Harold J. Wiens, Chinas March towards the Tropics, Hamden, Conn. 1954;
3. Ethnic Groups of Mainland Southeast Asia, New Haven 1964;
4. H. H. Loofs, Südostasiens Fundamente, Berlin 1964.

[4] Berlin 1944, 648 S.

zu begründen. Der Leser verspürt etwas von dem großen Atem jener Wanderungen, Verschiebungen und „Sickerungen“ (ein von Eickstedt selber gebrauchtes Wort), die sich vermutlich seit Jahrtausenden bis in unsere Zeit aus dem mittelchinesischen Raum quer durch Südchina in die Tiefen Südostasiens hinein vollzogen haben. Wenn man berücksichtigt, daß dabei Entfernungen zwischen 1500 km und 2000 km zurückgelegt wurden, was etwa einem Weg von Norddeutschland nach Spanien oder vom Asowschen Meer nach Norditalien entspricht, dann wird man die Verwendung des Begriffs „Völkerwanderung“ zugestehen. Allerdings werden wir sie uns nicht als einen großen Schub vorstellen dürfen, es hat oft Jahrhunderte gedauert, bis eine Verlagerung stattgefunden hatte, und nur vereinzelt ist es zu kontinuierlichen Wanderungen innerhalb einer Generation gekommen. George Coedés, der Nestor der historischen Südostasienkunde, spricht darum in seinem dem Hinduisierungsprozeß gewidmeten Hauptwerk [5] von „ce glissement général des populations du Nord vers le Sud“, also von dem allgemeinen Gleiten (gleichsam einem Gletscherschub) der nördlich wohnenden Völker nach dem Süden.

Worum handelt es sich?

Durch den anhaltenden Druck der zentralasiatischen Steppenvölker auf das chinesische Siedlungsgebiet seit einer Zeit, die sich in der Unsichtigkeit der Vor- und Frühgeschichte verliert – vgl. die unterbrochenen Pfeile im oberen Teil der Abb. 1 –, verschiebt sich dieses, das hier stark hervorgehobene chinesische Siedlungsgebiet, erweitert durch eine stetige Bevölkerungszunahme, mehr und mehr nach Süden. Dabei werden Völker, die dort bereits ansässig waren, ihrerseits nach Süden gedrängt, soweit sie nicht im Chinesentum aufgehen, Völker, die wir mit verschiedenen ethnischen Bezeichnungen meinen identifizieren zu können: den Proto-Tibeto-Birmanen am Rande des tibetischen Gebirgsmassivs, den Proto-Tai am mittleren Yangtse, den Vorfahren der Miao- und Yao-Völker, die noch heute weit verstreut über Süd- und Südwestchina bis nach Laos und Thailand hinein leben, sowie den Proto-Viet an der südchinesischen Küste. Diese Volksgruppen dringen sodann über das heutige Südchina hinaus sowohl in den westlichen Teil Südostasiens vor, sich dabei mischend, beeinflussend und voneinander absondernd, als auch in den östlichen Teil, wo vor allem die Viets langsam der Küste folgend nach Süden gekommen sind. Sie haben dabei Einflüsse nicht nur von der chinesischen Hochkultur aufgenommen, das gehörte ohnehin zu

[5] Les états hindouisés de l'Indochine et l'Indonesie, Paris 1948, 466 S.

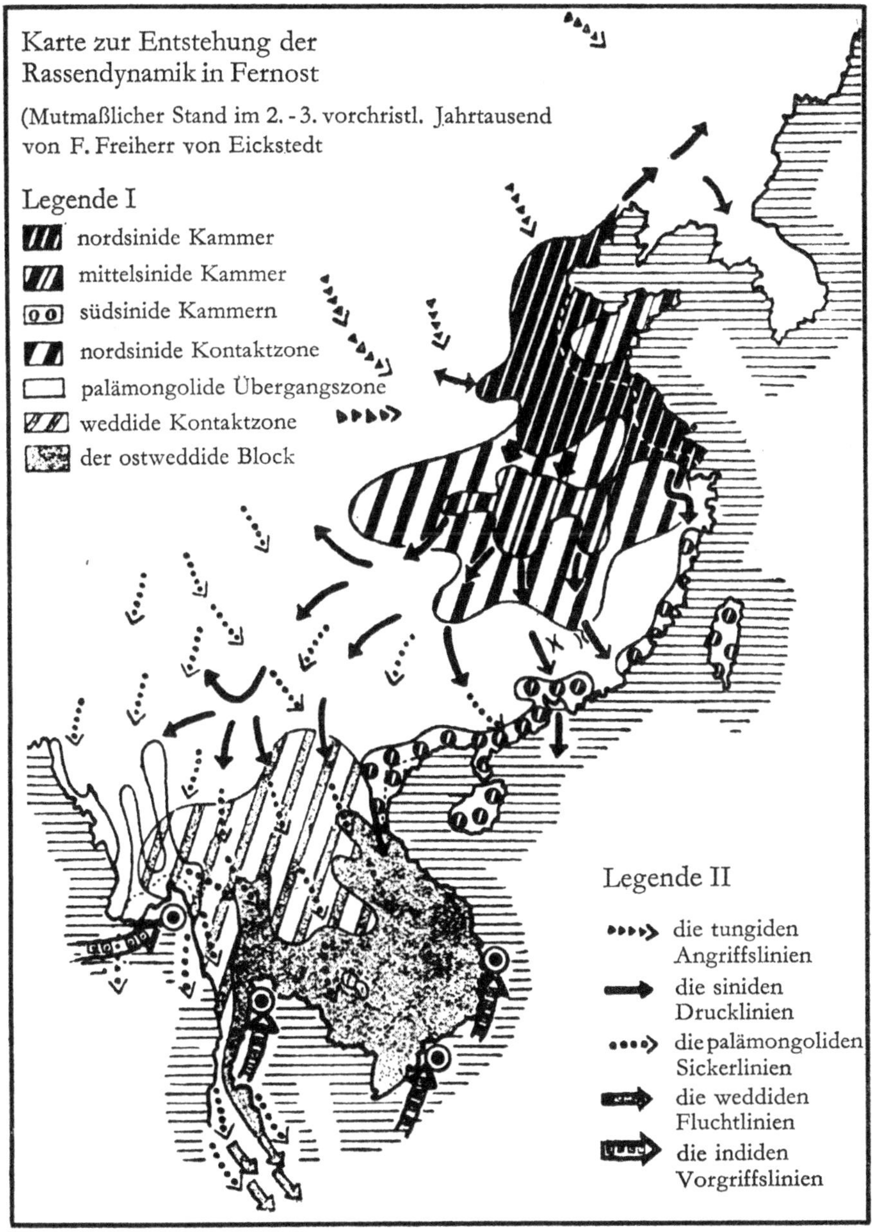
Karte zur Entstehung der Rassendynamik in Fernost
(Mutmaßlicher Stand im 2. - 3. vorchristl. Jahrtausend
von F. Freiherr von Eickstedt
Legende I
nordsinide Kammer
mittelsinide Kammer
südsinide Kammern
nordsinide Kontaktzone
palämongolide Übergangszone
weddide Kontaktzone
der ostweddide Block
Legende II
die tungiden Angriffslinien
die siniden Drucklinien
die palämongoliden Sickerlinien
die weddiden Fluchtlinien
die indiden Vorgriffslinien

Abb. 1

ihrem historischen Schicksal, sondern sie haben auch engen Kontakt gehabt zu Tai-Völkern und zu malayo-polynesischen Gruppen. – Die auf dieser Skizze eingetragenen schwarzen und punktierten Pfeile in Südchina deuten diese Vorgänge an. Die grauen Flächen im Festlandblock Südostasiens bezeichnen ebensowohl die vermutlich negroiden Urbevölkerungen, von denen noch spärliche Reste in den malaiischen Urwäldern leben, wie auch die späteren kultivierten sog. Mon-Khmer-Völker, von denen das heutige Kambodscha der überlebende Zeuge ist.

Diese Skizze (Abb. 1) bezieht sich, wie aus der Legende zu entnehmen ist, auf frühgeschichtliche Vorgänge, die in dieser Form hier angenommen werden. Die Wanderungen in historischer Zeit, wo wir zum Teil auf festerem Boden stehen, entsprechen dem – wenn wir nur vorsichtig genug mit dem Begriff der „Völkerwanderung" umgehen. Natürlich sind Teile der genannten Völker und Stämme in ihren alten Wohnsitzen geblieben und im Chinesentum aufgegangen, indem sie dieses lokal veränderten. Andere haben sich nur über kurze Strecken bewegt und sind seit langem seßhaft geblieben, wieder andere wanderten nicht im allgemeinen Strom, sondern unabhängig davon auf bestimmte günstige Siedlungs- und Wirtschaftsplätze zu. Im einzelnen mögen die heutigen Verhältnisse sogar das Ergebnis viel stabilerer Entwicklungen sein als das Bild der allgemeinen Völkerwanderung vermuten läßt, das Verdienst von Eickstedts liegt eben nur darin, daß er zuerst die große Linie der Bewegung bis in die Gegenwart hinein aufgezeigt hat.

Über das Ergebnis dieses beispiellosen Wanderungs- und Wandlungsprozesses vermittelt die Karte (Abb. 2) einen lebendigen Eindruck. Sie stammt aus einer 1964 im Rahmen der „Human Relations Area Files" herausgekommenen Veröffentlichung „Ethnic Groups of Mainland Southeast Asia" [6]. Sie stellt Völker dar auf Grund sprachlicher Verwandtschaften und Verschiedenheiten. Die folgenden Sprachfamilien werden hier unterschieden:

1. die sinitische (weiß),
2. die tibeto-birmanische (olivgrün, rot bis violett),
3. die austro-asiatische (blau bis türkisfarben),
4. die hier gesondert geführte Tai-Familie (hellgrün) und
5. die malayopolynesische (violett).

Diejenigen Sprach- und Bevölkerungsgruppen, die heute politisch am stärksten ins Gewicht fallen, sind von der sino-tibetischen Familie die chinesische (10 Mio.) und die birmanische (14), von der austro-asiatischen die

[6] HRAF Press, New Haven 1964.

South China Sea
Ethnolinguistic Groups
of
Mainland Southeast Asia

Abb. 2

Abb. 3

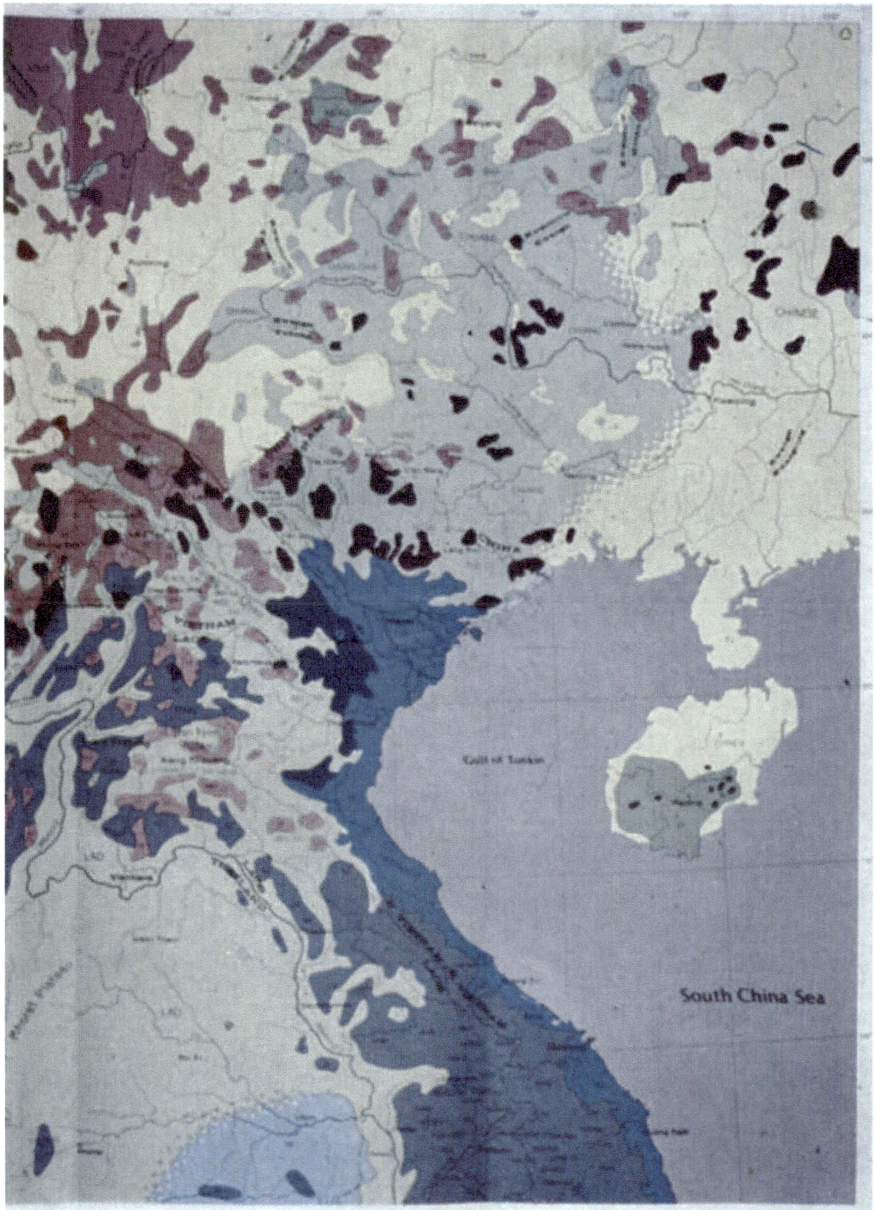

Abb. 4

Abb. 5

Khmer (3,5) und die Viets (22), von der Tai-Familie die Siamesen (16) und die Laoten (4), und von der malayo-polynesischen Familie die Malaien (2,5). Das heißt, die zahlenmäßig größten Völker sind auch die Staatsvölker der heute bestehenden südostasiatischen Staatenwelt. Allerdings leben noch fünf Sprach- und Bevölkerungsgruppen, die über eine Million zählen, nicht in einem eigenen Staatswesen, das sind die in der Volksrepublik China lebenden Tai-Gruppen, etwa 9 Mio., Miao (2,5) und Lolo (1,6), ferner die in der Union von Birma mit teilweise autonomem Status wohnenden Karen (1,5) und Chin (1,2). Alle anderen Völker und Stämme, rund 150 an der Zahl, zählen weniger als eine Million, einzelne nur ein paar Tausend Menschen.

Daß hier das Vietnamesische trotz starker Entlehnungen aus dem Chinesischen zur austro-asiatischen Familie gerechnet wird, mag erstaunen, aber diese schon 1906 von Wilhelm Schmidt, dem Patriarchen der südostasiatischen Sprachwissenschaften, vorgetragene These [7] ist in neuerer Zeit von Greenberg und Shafer, zwei amerikanischen Linguisten, bestätigt worden [8]. Schwieriger ist die Einstufung der Tai-Sprachen – sie hier als gesonderte Sprachfamilie zu führen, halte ich für eine Verlegenheitslösung. Das Thai ist so eindeutig tonal und im wesentlichen isolierend, daß man die Zugehörigkeit zur sinotibetischen Familie kaum abweisen kann, selbst wenn Kritiker dieses Gedankens auf anscheinend ältere Wurzeln verweisen können, die zur malayo-polynesischen Familie führen. Das Problem bleibe hier unerörtert [9].

In einem weiteren Bild (Abb. 3), das einen Ausschnitt aus der eben gezeigten Übersichtskarte zeigt, hier den Ausschnitt Birma, wird die vielgestaltige Verzahnung der Völker und Sprachengruppen besonders eindringlich erkennbar. Sie ist die Folge nicht so sehr einer besonderen Fruchtbarkeit ostasiatischer Sprachen- und Volksbildungen als der zerrissenen Berglandschaft mit ihren unterschiedlichsten Boden- und Klimaverhältnissen, die es möglich machen, daß Urbevölkerungen unter Umständen die Nachbarn moderner

[7] Die Mon-Khmer-Völker, ein Bindeglied zwischen Völkern Zentralasiens und Austronesiens, in Anthropos, N.F.V (1906).

[8] Joseph Greenberg, Historical Linguistics and Unwritten Languages, in: Anthropology Today, Chicago 1953, und
Robert Shafer, Classification of the Sino-Tibetan Languages, in: Word 11 (1955).

[9] Doch vgl. P. W. Schmidt, Die Sprachfamilien und Sprachenkreise der Erde, Heidelberg 1926, sowie
K. Wulff, Chinesisch und Tai, Kopenhagen 1934,
dagegen Paul K. Benedict, Thai, Kadai, and Indonesian, in: American Anthropologist 44 (1942).

Städte sind. – Zugleich machen dieses Bild und die Abb. 4 (Vietnam) deutlich, wie zufällig politische Grenzziehungen und wie schwierig deren Kontrolle in einem Gebiet wie dem chinesisch-südostasiatischen Grenzraum sein müssen. Die kolonialen Erwerbungen Englands und Frankreichs haben Grenzen geschaffen, wo sie kaum existierten. Das chinesische Kaiserreich hatte zwar bestimmte Zonen unterschieden: unmittelbares Hoheitsgebiet mit chinesischer Verwaltung, mittelbares Hoheitsgebiet mit autonomer Verwaltung, sowie China assoziierte Länder mit voller Selbständigkeit, aber es hatte keine festen Grenzen gezogen. Grenzdispute gab es nicht, sondern nur lokale Erhebungen und, je nach der Entfernung, deren Duldung oder Niederschlagung.

III.

Bevor wir nun Einblick nehmen in die Art und Weise chinesischen Ausgreifens nach Südostasien, müssen wir noch einmal in frühere historische Zusammenhänge zurückblicken, die dazu geführt haben, daß die Völker und Staaten in Südostasien eine von China deutlich sich abhebende Gestalt gewannen. Deren wichtigster ist in dem Wechselspiel zu sehen zwischen einem starken kulturellen und auch politischen Einfluß von Indien her und seinem Einbau in die werdende südostasiatische Staatenwelt. Der von George Coedés, dem Altmeister der südostasiatischen Geschichtswissenschaft, in seinem Hauptwerk „Les états hindouisés de l'Indochine et de l'Indonesie" (s.o.) so benannte „Hinduisierungsprozeß" Südostasiens geht ebenso wie die Völkerwanderung aus Mittelchina in frühgeschichtliche Zeiten zurück. Er ist Teil eines über See gehenden Verkehrs, der, solange Menschen in Südasien leben, immer schon zwischen dem indischen Subkontinent und der Insel- und Küstenwelt Südostasiens hin- und hergegangen sein muß. Was haben wir hier unter „Hinduisierung" zu verstehen?

Die Anfänge können von nur wenigen Anhaltspunkten her rekonstruiert werden: sporadische Funde und gemeinsame sprachliche Bezüge, wie sie in den von Südostasien nach Indien übergreifenden Mon-Khmer-Sprachen gesehen werden können, stellen einen Kontakt mit dem vor-arischen Indien sicher. Man darf annehmen, daß solche Kontakte nie abgebrochen wurden, und man könnte sie sich etwa so vorstellen: Händler, vornehmlich aus Südindien, kamen nach Südostasien, blieben dort als reiche Männer, zivilisatorisch überlegen, vielleicht auch als Wunderdoktoren, heirateten einheimische Frauen und bildeten kleine Ausstrahlungspunkte einer höheren Kultur [10].

[10] Vgl. Coedés a.a.O., 45 ff.

Deren verhältnismäßig leichte Übernahme durch die verschiedenen Bevölkerungsgruppen in Südostasien deutet an, daß etwas Gemeinsames, zum mindesten eine gewisse Vertrautheit mit dem indischen Element vorgegeben war. Gleichwohl ist es etwas Neues gewesen, das den Weg für die eigentliche „Hinduisierung", d. h. Beeinflussung durch die indische Kulturwelt, gebahnt hat, nämlich die buddhistische Mission. Der Buddhismus ist von Anfang an als Begleiterscheinung bezeugt, sicherlich weil er damals, in den ersten fünf bis sechs Jahrhunderten n. Chr., die aufstrebende Weltreligion des Ostens war. Unserer mittelalterlichen Weltvorstellung ist es bisher entgangen, daß sich der Christenheit im Westen um die Mitte des ersten Jahrtausends, vor dem Einbruch des Islam, eine buddhistisch gewordene Menschheit im Osten gegenüberstellt, von Ceylon bis nach Turkistan und von Bali bis nach Japan.

Wir könnten von „Hinduisierung" im Sinne des Wortes jedoch nicht sprechen, wenn nicht auch der Brahmane und der königliche Herr auf den Plan getreten wären. Die Hinduisierung wird in Südostasien historisch nur faßbar als eine Reihe von *Staatengründungen.* Das bedeutet, daß es das indische Königsideal des durch ritterlichen Kampf und Sieg erhobenen gottgleichen *„rāja"*, der königliche Hofstaat, der Kult des königlichen *„lingam"* (eines phallischen Kultsteins), die brahmanische Bildung und die Verwendung des Sanskrit gewesen sind, welche die Hinduisierung ausmachen und bezeichnen. Es muß Fälle gegeben haben, in denen ein Inder aus höherer Kaste selber durch Einheirat in ein einheimisches Herrengeschlecht zum König wurde, oder solche, wo ein einheimischer Fürst die fremden Insignien und Formeln der königlichen Macht übernahm. Zahlreiche epigraphische Denkmäler Südostasiens, die seit dem 4./5. Jh. errichtet worden sind, bezeugen in gelehrtem Sanskrit diesen Vorgang schlechthin, ohne ihn in den Einzelheiten aufzuhellen, für die wir vielmehr auf chinesische Quellen angewiesen bleiben. Doch davon später. Wir stellen noch in den heutigen Hochsprachen dieses Weltteils mit Ausnahme des Vietnamesischen, welches sich hierin vom Chinesischen herleitet, eine Fülle von indischen, teils aus dem Sanskrit, häufiger aus dem Pali stammenden Wörtern fest, die nach Art unserer aus den klassischen Sprachen kommenden Lehn- und Fremdwörter das Vokabular der höheren Kultur ausmachen.

Vom Fernhändler über den indischen oder indisierten König zum Brahmanen und Jünger des Buddha finden wir alle Elemente der höheren Gesellschaftsgruppen Indiens auch in Südostasien. Man kann verstehen, daß moderne indische Historiker mit einem Gefühl der Rührung auf diese Fernwirkung indischer Kultur blicken, die ihnen vor allem französische und englische Archäologen und Orientalisten erschlossen haben. Sie neigen naturgemäß dazu, diesen indischen Einfluß zu überschätzen und einfach unter dem Begriff eines „erweiterten Indien" (Further India) zu fassen, ohne zu bedenken, wie sehr die Acquisition hochkultureller Elemente, seien sie auch aus der Fremde übernommen, gerade dem Selbstverständnis der Völker und Herrschergeschlechter gedient haben kann. Wir sprachen schon vom Buddhismus. Er scheint in Südostasien deshalb so stark gewirkt zu haben, weil er sozial offen war, d. h. die höhere indische Kultur vermitteln konnte ohne das Kastensystem der Hindu, er ist damit dem Eigenständigkeitsgefühl der südostasiatischen Völker, die ja keineswegs Wilde waren, entgegengekommen. Das Pali, die Sprache der buddhistischen Tradition, trat mehr und mehr an die Stelle des Sanskrit. Gerade das heute noch relevante Ergebnis des indischen Kultureinflusses im festländischen Südostasien, nämlich die buddhistische Grundstruktur der Länder Kambodscha, Laos, Thailand, Birma bis nach Ceylon, ist dazu angetan, diesen Sachverhalt zu bestätigen. Es ist, als sei dies die natürliche Folge der gegen die vedische Tradition gerichteten Haltung des Buddhismus, hier im Raume außerhalb der indischen Kastengesellschaft vielleicht eher als ein Gegensatz zur indischen Kulturvormundschaft zu verstehen [11].

Aber auch das hohe Königsideal ist nicht einfach nur ein Ableger indischer Kulturtradition oder gar deren eigentliche Manifestation. Die einheimischen Fürstengeschlechter von Funan, Champa, Srivijaya u. a. mochten sich nach Indra, Chandra oder mit der Nachsilbe -varman nach den Pallava-Königen Südindiens nennen, sie mochten ihren Hauptstädten hochklingende indische Namen geben wie Vijaya, Ayōdhya oder Sudhammavati – Glanz und Gloriole indischen Königtums dienten ihnen letztlich zur Behauptung und Ausweitung der eigenen Macht. Sichtbarstes Symbol ist jener berühmte

[11] Diese hier noch hypothetisch gefaßte Einsicht beruht auf einer über längere Zeit reichenden Auseinandersetzung des Verfassers mit dieser Frage von dem Augenblick an, als er im August 1960 zum erstenmal südostasiatischen Boden (in Rangun) betrat und als Sinologe, der er ist, zunächst betroffen verhielt vor dem Ausmaß indischer Kulturbeeinflussung, dem er begegnete: von dem in geistiger indischer Tradition lebenden sangha, der Mönchsgemeinde, angefangen bis hin zu Ausdrücken moderner Verkehrsregelung, die indischen Ursprungs sind. Doch fanden sich dann im Studium von Sprache und Geschichte, im Umgang mit den Menschen und dem Raum, den sie über so viele Jahrhunderte gestaltet haben, mehr und mehr charakterisierende Unterschiede nicht nur des Akzents, sondern auch des Wesens im kulturellen Ausdruck, daß er neuen Mut faßte, die Eigenständigkeit des südostasiatischen Gestus und Habitus zu behaupten, freilich auch bestärkt darin von seinen einheimischen Freunden. Die systematische Untersuchung und Überprüfung dieses Sachverhalts hat allerdings kaum begonnen.

Königskopf auf den Türmen von Angkor Thom, der wie Vishnu die Welt in den vier Himmelsrichtungen überwacht, mit den Zügen des Khmer-Königs selbst, die zugleich das leise Lächeln des Buddha widerspiegeln (Abb. 5). Noch Rāma Kamheng, der Begründer Thailands, hat zu einer Zeit, als die indische Ausstrahlungskraft ihren Höhepunkt längst überschritten hatte (gegen Ende des 13. Jh.), seine Eroberung und Konsolidierung der Macht im heutigen Thailand als Reichsgründung und als Eroberung des Weltkreises in den vier Himmelsrichtungen verstanden, ganz im Stil indischer Königs-Könige.

IV.

Woher wissen wir von diesen Vorgängen? Woher nehmen wir uns die Freiheit, solche Rekonstruktionen zu wagen? Das läßt sich zum Teil, wie gesagt, aus den epigraphischen und archäologischen Zeugnissen tun, die uns in einer Reihe eindrucksvoller Sammlungen und Darstellungen vor allem von französischer Hand erschlossen worden sind. Ihr Beitrag zur historischen Südostasienkunde sollte an dieser Stelle einmal geziemend hervorgehoben werden. Denn nicht nur Angkor, die unvergleichliche Palastwelt im khmerischen Dschungel, nicht nur das großartige Museum in Phnom Penh verdanken wir den Bemühungen französischer Forscher – sie haben auch als bleibendes Ergebnis der Kolonialzeit den einst beherrschten Völkern ihre Geschichte hinterlassen – und dabei auch den Anteil Chinas an der Geschichte Südostasiens als Erste systematisch untersucht. Die „Ecole Française d'Extrême Orient" in Hanoi hat einmal zu den führenden Zentren der Ostasienforschung gehört [12].

Wenn somit zu einem Teil die epigraphischen Zeugnisse Prämissen für die Rekonstruktion der südostasiatischen Geschichte erlauben, sind es zum anderen die historischen Quellen Chinas! Namen und Gestalt der Herrschaften, die wir als *indische* Kulturschöpfungen auf *südostasiatischem* Boden erkennen, haben wir weithin aus *chinesischen* Berichten. Was sagt uns das? Haben wir es etwa mit einem geistigen Vorgriff auf die spätere politische und wirtschaftliche Einflußnahme Chinas in Südostasien zu tun? Um dieser Frage nachzugehen, muß man sich für einige Augenblicke der Eigenart chinesischer Auslandsberichterstattung zuwenden.

Der chinesische Berichterstatter hat vor rund zwei Jahrtausenden damit

[12] Das Bulletin d'Ecole Française d'Extrême Orient (BEFEO) war über lange Jahre führend, wenn nicht das einzige Forum für die junge Südostasienkunde.

begonnen, Reisebeschreibungen und die daraus sich ergebenden Schlüsse aufzuzeichnen. Chang Ch'iens Gesandtschaft zu den „Großen Yüe-chih" in Zentralasien 123 v. Chr. z. B. führte zu der Erkenntnis, daß es einen Handelsweg von China aus südwestlich durch Indien nach Westasien geben müsse, weil ihm dort nämlich chinesische Waren aus Südwestchina als aus Indien kommend bezeichnet worden waren [13]. Dies ist der „locus classicus" chinesischer Aufzeichnungen über ferngelegene Länder. Nicht weniger berühmt geworden ist jene fremde Gesandtschaft aus dem im fernen Westen gelegenen „Ta-Ch'in", die 166 n. Chr. in China eintraf und behauptete, vom König „An-tun" zu kommen [14] – wir haben sie als mutmaßlich syrische Kaufleute aus Ktesiphon identifiziert [15], die sich auf den römischen Kaisernamen (Marcus Aurelius) Antoninus beriefen, als man sie nach ihrem Oberherrn fragte. Reiseberichte zweier chinesischer Abgesandter aus dem 3. Jh. brachten die ersten Kenntnisse von „Fu-nan" (alt: Bhu-nam), was auf Khmer „Berg" bedeutet und einen früh, vermutlich schon im 1. nachchr. Jh., hinduisierten Staat an der Stelle des heutigen Kambodscha bezeichnet [16]. Dieses „Fu-nan" ist der älteste unter den Großstaaten Südostasiens, der über den ganzen Subkontinent und die Seegebiete bis zur Straße von Malakka geherrscht haben muß, ein Tatbestand, den wir im Zusammenhang *nur* aus chinesischer Quelle wissen. Gleiches gilt für die Anfänge von „Champa" gegen Ende des 2. Jh., eines hinduisierten Seestaates auf malayopolynesischer Grundlage an der südvietnamesischen Küste [17]. Und so geht es weiter: die Teilung des „Fu-nan"-Reiches in eine westliche, von den Mon getragene, und eine östliche, von den Khmer bestimmte Hälfte im 6. Jh., der Aufstieg des Seereiches Srivijaya, chinesisch „San-fo-ch'i", mit seiner Hauptstadt bei dem heutigen Palembang in Süd-Sumatra, etwa um die gleiche Zeit, ferner eine ganze Zahl kleinerer Herrschaften auf der Malakka-Halbinsel, die von dem Transit der Güter und Waren über den Isthmus von Kra profitierten, und Java im Süden nicht zu vergessen [18] – in immer aus-

[13] F. Hirth, in Journal of the American Oriental Society (JAOS) vol. 37.

[14] Hierzu O. Franke, Geschichte des chinesischen Reiches I, 404.

[15] So schon bei O. Franke, op. cit. III, 209, später durch P. Boodberg in Harvard Journal of Asiatic Studies (HJAS) bestätigt.

[16] Vgl. Coedès, a.a.O., 68.

[17] A.a.O., 77 ff.

[18] Für die chinesischen Nachrichten über Insel-Südostasien vgl. vor allem W. P. Groeneveldt, Historical Notes on Indonesia and Malaya compiled from Chinese Sources, Djakarta 1960 – urspr.: Notes on the Malay Archipelago and Malacca compiled from Chinese Sources, in „Venhandelingen van het Bataviaasch Genootschap van Kunsten en Wetenschapen" vol. XXXIX, 1880.

führlicheren Berichten werden seit dem 4./5. Jh. die Einzelinformationen zusammengefaßt. Diesem reichen Fundus an Information gegenüber reichen das epigraphische Material, arabisch-persische Angaben, die von See- und Handelsreisen stammen, sowie verstreute Notizen in indischem Erzählgut gerade aus, das zu ergänzen, was die chinesischen Beamten-Literaten aufzeichneten.

Zu den Berichten fügen sich Eintragungen in den Regesten, wenn eine, wie die Chinesen sie von Anfang an nannten, „Tributgesandtschaft" eingetroffen war wie jene erwähnte aus den östlichen Reichsteilen Roms. Eintragung folgt auf Eintragung in genau chronologischer Folge, wandert in die Staatsarchive und bildet das Material, welches in die Dynastiegeschichten aufgenommen wird unter der Rubrik „Ordentliche Berichte", Abschnitt „Fremdvölker", im Unterabschnitt des betreffenden Landes. Wir finden dort in schöner Regelmäßigkeit Angaben über seine Lage, die Entfernung von China, die Entstehung des Staates, über Sitten und Gebräuche, sowie über Entwicklung und Stand der Tributbeziehungen zu China, dies vor allem. Spätere enzyklopädische Schriften tragen mitunter nach, was bei der Abfassung der Dynastiegeschichten nicht aufgenommen worden war. Einzelnes finden wir auch in den Lebensberichten hoher Beamter.

Was ist das Ganze? Nicht viel mehr als eine dürre, undramatische, auf Faktisches ausgehende Skriptorik, der es darum zu tun war, die Oberhoheit des chinesischen Zentralherrschers zu erweisen, welcher den schuldigen Tribut der Fremden mit huldvoll überreichten Geschenken entgalt. Es läßt sich zeigen, daß ein solcher Geschenktausch oft zuungunsten der chinesischen Staatskasse vor sich ging [19]. Wirtschaftliche Vernunft war hier also nicht maßgebend, sondern allein der rituelle Vollzug eines auf die Welt gerichteten Hegemoniegedankens. Zugleich erhielt jedes Detail, das heutigen Historikern von unschätzbarem Wert ist, im Ganzen des Corpus Documentorum seinen genau zugewiesenen Platz, vom ersten der 25 dynastischen Geschichtswerke an bis zum letzten, d. h. vom 1. vorchristl. bis zum 20. nachchristlichen Jahrhundert. Eine übermächtige Tradition verfestigt diese systematische Historiographie. Da alles in der Welt auf die Evidenz des herrscherlichen Auftrages hinweist, ist es gut und politisch wichtig, sorgfältig damit umzugehen.

Sollte man das schon als einen geistigen Vorgriff auf die tatsächliche Oberherrschaft über Südostasien verstehen? So weit werden wir kaum gehen können, wenn wir uns klarmachen, wie weit entfernt das etwa von Erkun-

[19] Vgl. z. B. bei Wolfram Eberhard, Geschichte Chinas, Bern 1948, 107 f.

dungsberichten geheimer Nachrichtendienste ist. Aber die Systematik der Notierungen von Ländern und Völkern außerhalb des chinesischen Machtbereiches enthält doch implicite eine Tendenz zu immer größerer Genauigkeit und damit zu einem immer dichteren Verhältnis zu den Informationsquellen, den Ländern selber. Ich glaube, hier sei etwas Wesentliches über den Unterschied zwischen der politischen Welthaltung des alten Indien und des alten China zu suchen: wo China im Ansatz die Welt systematisch und historisch zu erfassen strebte, begnügte Indien sich damit, höchst unsystematisch und im wesentlichen episch zu registrieren, was es an ausstrahlender Kraft in die Fremde abgegeben hatte. Diesen Unterschied allein in den Kategorien von Kultur versus Politik oder gar von friedlicher Mission im Gegenüber zu militärischer Aggression zu sehen, halte ich für zu billig. Auch hinter der friedlichen Mission Indiens konnte die militärische Aktion stehen, wie die wiederholten Angriffe der Cholas von der Koromandelküste gegen Sumatra und Malakka im 11. Jh. bezeugen können [20]; und hinter den militärischen Aktionen des chinesischen Kaiserreiches, die nicht zu leugnen sind, stand doch als Grundidee der friedliche Weg der Überzeugung aller Menschen auf Erden, daß dieser Kaiser der allein würdige sei. Aber wo die Chinesen dem freien Spiel der Kräfte anscheinend weniger Raum ließen, haben die Inder offenbar kein Bedürfnis entwickelt, sich Rechenschaft abzulegen über ihren Ausgriff in die Welt. Letztlich konnten sie sich mit der Abstraktion, einem Bild von der göttlichen Geisteskraft hohen Königtums begnügen, wo den Chinesen die Konkretion am Herzen lag, die wirkliche Suprematie.

Noch eine andere Motivvariante scheint in diesem Zusammenhang von Bedeutung zu sein. Die indische Machtausweitung ging zentral vom Königsgedanken aus: der eine König kämpfte und überwand andere Könige, die ihm lehnspflichtig wurden – Anerkennung einer überlegenen Autorität auch hier, aber von König zu König im Rahmen eines politischen Machtspiels unter Einhaltung von Standesregeln. Dem Chinesen kam es auf die freundliche Gesinnung des fremden Gemeinwesens an, seines Herrschers ebenso wie des ganzen Volkes. Korea wurde nicht nur deshalb immer wieder mit Vorzug genannt, weil mit ihm die ältesten Beziehungen bestanden, sondern vor allem auch, weil es „die Riten und die Musik (Essenz der chinesischen Kultur) genau kennt“ [21]. Wenn ein birmanischer König gewisse

[20] Vgl. Coedès, a.a.O., 238 ff. und 250 ff., ferner
D. G. E. Hall, A History of Southeast Asia, London 1955, 53 f.

[21] So erwähnt in einem ministeriellen Gutachten zur Frage der Tributgesandtschaften aus d. J. 1374, vgl. Kap. 324 der offiziellen Reichsgeschichte der Ming-Dynastie, Abschn. Thailand.

Grenzfürsten an der chinesischen Grenze in ihren Herrschaftsrechten bestätigte, so handelte er „illegal“ [22], das ist das chinesische Wort, denn solches stand allein dem chinesischen Kaiser zu, der hier über die Sicherung der Reichsgrenze hinaus eine „kulturelle Verantwortung“ trug.

V.

Wie aber steht es mit dem tatsächlichen imperialen Ausgriff Chinas nach Südostasien? – Ich rechne die chinesische Herrschaft über Annam, das heutige Nord-Vietnam, von 111 v. Chr. bis 939 n. Chr. nicht dazu, trotz der allgemeinen Übereinstimmung, in dem damaligen chinesischen Kaiser Han Wu-ti (140–87) den Initiator eines chinesischen Imperialismus in Asien zu sehen. Dies mag für Zentralasien gelten, wo es unter seiner Regierung gelang, die dort herrschende Föderation der Steppenreiter unter den Hsiung-nu zu vertreiben, im Süden handelte es sich vielmehr um eine lokale Ausdehnung von einem Teil des von „Proto-Viets“ bewohnten Gebietes in Südchina zu dem anderen in Tonking. Der eine Teil wurde später voll sinisiert, er bildet die heutigen chinesischen Südprovinzen Kwangtung und Kwangsi, der andere nicht, und das ist das heutige Nord-Vietnam. Daß hier die Sinisierung, d. h. die vollständige Eingemeindung in die chinesische Umwelt, nicht gelang, muß man wohl auch darauf zurückführen, daß im Talbecken des Roten Flusses ethnisch verschiedene, d. h. dem chinesischen Element noch etwas ferner stehende Menschen wohnten. Jedenfalls zeigt sich auch hier etwas Ähnliches wie im Falle der hinduisierten Staaten: die hochkulturellen Elemente wurden zwar übernommen, aber sie dienten endlich dazu, die eigene Fundierung zu erhöhen und sich in seinem Selbstsein zu behaupten. Daran hat auch die lange Dauer der chinesischen Herrschaft über Annam nichts geändert. Sie hat den chinesischen Einfluß auf die vietnamesische Kultur verstärkt, aber niemals aus Vietnamesen Chinesen machen können. Das China der T'ang-Zeit (618–907), das wir als Gipfel chinesischer Weltgeltung im Mittelalter ansehen, hat nach Südostasien nicht weiter ausgegriffen. Das wird zum guten Teil darauf zurückzuführen sein, daß der Seeverkehr noch weithin in nicht-chinesischen, d. h. in arabisch-persischen und indischen Händen lag. Das änderte sich erst nach dem 10. Jahrhundert.

In den mongolischen Angriffen auf Annam, Champa (das heutige Süd-Vietnam), Birma und Java in den 80er und 90er Jahren des 13. Jh. ist dann

[22] In derselben Reichsgeschichte Kap. 315, Abschn. Birma.

aber tatsächlich ein klassischer Fall von Aggression zu sehen. Militärische Operationen von dieser Vielfalt und Größenordnung – bis zu 100 000 Mann und mehr sollen über See bewegt worden sein – hatte es noch nie gegeben und sind nie wiederholt worden [23]. Die Cheng Ho-Expeditionen des frühen 15. Jh., die bekanntlich bis an die ostafrikanische Küste führten, stellen zwar auch bedeutende Marineunternehmen dar, aber das waren keine Aggressionen wie die mongolischen [24]. Man muß hier schon die ins weltweite gehende Eroberungslust der Mongolen in Rechnung stellen, wenn gleich sie sich nie zu solchen maritimen Großtaten hätte steigern können ohne die inzwischen hoch entwickelte chinesische Schiffsbautechnik und ohne die detaillierten chinesischen Kenntnisse der Südseegebiete. Keiner dieser Expeditionen ist ein bleibender Erfolg beschieden gewesen, aber alle zusammengenommen haben die Welt Südostasiens verändert zurückgelassen. Der Nachbar im Norden war nun der mächtige Nachbar, China die „suprema in Oriente potestas" geworden.

Zugleich hatten die Unternehmungen erneute Unruhe unter den Völkern Südostasiens ausgelöst. Die Thai rückten in ihre heutigen Wohngebiete ein, Pagan-Birma und Angkor-Kambodscha fielen. Die Vietnamesen steigerten ihre Siege über die mongolischen Armeen sowie gegen eine kurzfristige Invasion der Chinesen im Anfang des 15. Jh. zu einem Aufschwung ihrer Kräfte, der sie in Stand setzte, im Verlaufe des 15. Jh. den letzten der alten hinduisierten Staaten, Champa, zu vernichten und das gesamte heutige Vietnam in Besitz zu nehmen.

Aber auch der Anspruch des chinesischen Kaiserreiches auf Hoheitsrechte über die ihm zunächst gelegenen Länder Vietnam, Laos, Birma wie auch über Thailand und Kambodscha leitet sich von der mongolischen Expansion her. Die Ming-Kaiser, die nach den Mongolen von 1368–1644 regierten, betrachteten ebenso wie die ihnen nachfolgenden Mandschu-Kaiser von 1645–1912 das festländische Südostasien grosso modo als China „zugehörig", als Vorhof der chinesischen Macht, so locker sie im einzelnen gehandhabt worden sein mag. Sie wurden darin bestärkt durch die Bereitschaft dieser Länder, offizielle Gesandtschaften nach Peking zu schicken und sich vom Pekinger Hof Brief und Siegel auf ihre eigenen Herrschaftsrechte ausstellen zu lassen. Das letztere ist in der Tat erstaunlich. Warum taten sie das? Hat-

[23] Knappe Beschreibung der beiden Expeditionen gegen Japan in E. O. Reischauer, J. K. Fairbank, East Asia, The Great Tradition, Boston 1960, 539 f.; rund 20 000 Mann sollen an der Expedition d. J. 1292/93 gegen Java teilgenommen haben, vgl. Groeneveldt, a.a.O., 21 f.

[24] P. Pelliot, in T'oung Pao (Leiden), vols. 30 (1933) und 31 (1935).

ten sie das nötig? War hierfür allein der Respekt, vielleicht die Furcht vor der „suprema potestas" verantwortlich zu machen? Sicher ist, daß in einigen Fällen, die ich bisher nur für Birma verifizieren konnte, der Besitz des kaiserlich chinesischen Siegels sowie der chinesischen Amtstracht (die etwa Szepter und Krone entsprechen mögen) dem Inhaber einen zusätzlichen Gewinn gegenüber seinen Nachbarn wie auch eine Steigerung seines Prestiges bedeutete. Bei Raubzügen gegen benachbarte Stämme gehörten das chinesische Siegel, häufig aus Gold, und die Einsetzungsurkunde des chinesischen Kaisers zur begehrten Beute – so berichten die chinesischen Chroniken [25].

Andererseits haben dieselben Fürsten und lokalen Häupter bis hinauf zu den Königen der Länder Gesandtschaften nach China mit einer Unbefangenheit abgeschickt, die bezweifeln läßt, daß sie sich der chinesischen Interpretation solcher Gesandtschaften bewußt waren. Der Zweifel wächst, wenn man findet, daß in nicht wenigen Fällen solche Gesandtschaften in zwei oder mehr Länder zugleich abgefertigt wurden. Sie dienten also offenkundig dem normalen diplomatischen Verkehr, der Bündnissuche, der Freundschaftsbeteuerung und der Bitte um Frieden. Und endlich haben die in China eintreffenden Gesandtschaften aus diesen Ländern seit der Stabilisierung der Lage unter den Ming-Kaisern derart zugenommen, daß von einer Tributbeziehung in den Augen der absendenden Länder keine Rede mehr sein kann. Wir haben es vielmehr mit dem Beginn eines regelrechten Handelsverkehrs zu tun, der sich zunächst noch unter dem Mantel des offiziellen Tributverkehrs, später im freien Handel auszudehnen suchte. Um diesen zu unterbinden, hat der chinesische Hof in seinem eingewurzelten konfuzianischen Mißtrauen gegen den freien Handel eine Seeverbotspolitik zu betreiben versucht. Sie richtete sich gegen den Handelsverkehr schlechthin, er mochte durch fremde oder durch einheimische Kauffahrer betrieben worden sein. Für die offiziellen Tributgesandtschaften wurden die Vorschriften über Zahl und Umfang immer wieder neu bestätigt. Die örtlichen Honoratioren und Beamten wiederum haben nicht ungern gesehen, daß sich die Möglichkeiten zusätzlicher Steuereinnahmen auf so angenehme Weise vergrößerten. Und auch der Hof hat sich der anscheinend steigenden Wertschätzung Chinas im Ausland nicht verschließen wollen. Gegen Ende des 16. Jh. wurde die Seeverbotspolitik wieder aufgehoben [26]. Er hat sich erst gesperrt, als

[25] So z. B. im Kap. 315 der Ming-Geschichte s. o. Anm. 22.

[26] Der Komplex ist in einer besonderen Arbeit untersucht von B. Wiethoff, Die chinesische Seeverbotspolitik und der private Überseehandel von 1368 bis 1567, Hamburg 1963.

drei Jahrhunderte später die Forderung nach Gleichberechtigung im zwischenstaatlichen Verkehr erhoben wurde. Das haben die Asiaten im allgemeinen und die Südostasiaten im besonderen niemals getan. Sie fuhren fort, modern ausgedrückt, Freundschafts- und Handelsdelegationen nach China zu senden, um sich dessen allgemeines Wohlwollen und um sich den schon damals lockenden chinesischen Markt zu sichern, d. h. Porzellan, Tee und Seide aus China zu importieren und tropische Produkte wie Hölzer, Farben, Kosmetika, Gewürze und Medikamente nach China zu exportieren. In diesen Handelsaustausch griffen seit Beginn des 16. Jh. die Europäer unter Vorantritt der Portugiesen und Spanier ein. Und da sich für die Chinesen die Prinzipienfrage nie geändert hatte – was Wunder, daß auch sie, die Portugiesen und Spanier samt allen ihren Nachfolgern, als „tributbringende Barbaren des fernen Westens" figurierten?

Chinas imperialer Ausgriff nach Südostasien seit der Mongolenzeit – und das ist die Zeit der chinesischen Prädominanz im Osten – war also ein auf das Ganze gesehen indirekter. Keine Legion marschierte durch diese Länder (von einer einzelnen Ausnahme abgesehen), kein Statthalter wurde eingesetzt, gelegentliche Grenzkriege dienten dem Bestand des Vorfeldes vor dem chinesischen Verwaltungsgebiet und – allerdings – auch der nachdrücklichen Betonung von Chinas Suzeränität über die Nachbarländer. Dieser Begriff blieb gleichsam unempfindlich, weil er niemanden schmerzte und niemand ihn antastete. Er wurde erst zum Politikum, als Europa ihn massiv beeinträchtigte. Das kaiserliche und das republikanische China, das nationale und das kommunistische Regime – keines hat zu betonen versäumt, daß die Wegnahme Birmas und Vietnams im vorigen Jahrhundert aggressive Akte gegen China dargestellt hätten. Um Vietnams willen hat es 1884/85 einen chinesisch-französischen Krieg gegeben, bei dem die Chinesen sogar hofften, die Deutschen auf ihrer Seite in den Krieg hineinziehen zu können. Jener Krieg gehört zum Hintergrund für die heutige Position Chinas vis-à-vis den USA.

VI.

Wir kommen damit zum letzten Teil dieser Betrachtung. Der europäische Einbruch in Ostasien im 19. Jh. hat die englische Eroberung Indiens im 18. Jh. zur Voraussetzung. Wir haben die beiden Vorgänge, in die Südostasien wie eingeschoben erscheint, im Zusammenhang zu sehen. Es ist hier nicht der Ort, auf die Einzelheiten dieses Vordringens einzugehen: Birma und Indochina gerieten unter fremde Herrschaft, während Thailand sich eine prekäre Unabhängigkeit bewahrte, im Süden teilten sich England und Holland in die Nutzung und Ausbeutung der tropischen Reichtümer Malakkas und Insulindes. Der moderne Weltverkehr und der meteorhafte Aufstieg Japans im 20. Jh. haben ihr Übriges zu den Veränderungen getan, denen Südostasien unterworfen wurde. Nicht zuletzt gehört dazu die Zuwanderung von insgesamt rund 10 Mio. Chinesen in die Länder Südostasiens, die dort die Funktionen eines gewerblichen Mittelstandes bis in den Großhandel und die Unternehmerschaft übernahmen. Dies alles beeinflußt und bestimmt nun die heutige Lage, die gleichwohl geschaffen worden ist von jenen grundlegenden historischen Voraussetzungen, die ich bezeichnet habe. Mit ihnen sollten die besonderen Bedingungen angegeben werden, unter denen Südostasien in die heutige Welt eingetreten ist. Sie seien daher noch einmal unter vier Punkten zusammengefaßt:

1. eine frühe Abkunft von hochkulturell noch nicht geprägten Einzelkulturen, die zwar von China allmählich erfaßt wurden, ihrerseits aber auch wieder China beeinflußten;
2. die Erreichung einer höheren Stufe der Kultur im neuen Raum der Subtropen, erleichtert durch die Gunst von Klima und Boden und bereichert durch die Mischung mit ganz anders gearteten Völkern und Traditionen; die noch heute überall begegnenden Elemente der Kultur, Baustil, Tracht, Musik, Tanz, Dichtkunst – und vor allem die Anmut des menschlichen Wesens sind unveräußerliches Eigentum und Erkennungsmerkmal Südostasiens;
3. die Durchsetzung wichtiger Elemente aus dem indischen Kulturbereich, die bis zur vollständigen Aneignung in Stil und sprachlichem Ausdruck gehen konnte, den Typus aber niemals verändert hat – eine Begegnung mit Indern und Südostasiaten heute würde das Unterschiedliche deutlicher als das etwa noch Gemeinsame erkennen lassen;
4. die Herstellung eines politischen Gleichgewichts zur chinesischen Großmacht seit dem 13. Jh., wobei Annam und Birma sich militärisch, die anderen durch ihre wirtschaftliche Position die Stellung eines eigenständigen, von China her gesehen assoziierten Landes gesichert haben.

Diese Stellung wird jedoch gekennzeichnet durch die grundsätzliche Schwäche aller gegenüber dem einen Starken. Das verhält sich so im Grunde seit dem Beginn der Wanderungen in der Vorzeit. Man ist immer vor dem Stärkeren ausgewichen, hat sich behauptet, mußte wieder ausweichen. Das hat tiefe Erfahrungen hinterlassen, man hat ein besonderes diplomatisches

Geschick, eine gleichsam auf den Zehenspitzen gehende Vorsicht entwickelt und gelernt, eine Politik nach Maßgabe der auswärtigen Machtverhältnisse der Großen zu treiben, mochten sie nun China, England, Frankreich, Japan oder die USA heißen.

Das leitet aber zur letzten Frage über: wie weit reichen die gegebenen Traditionen, wie weit geht die Wirkung der Geschichte? Der Besucher Südostasiens kann sich, sobald er den Bereich der Metropolen verläßt, dem Gefühl nicht entziehen, in einer scheinbar noch lebendigen Tradition zu stehen. Dorf, Pagode und umgebende Landschaft scheinen genau das auszudrücken, was er gesucht hat: Asien! Der internationale Gesellschaftsreisebetrieb macht ein Geschäft daraus. Wer aber länger im Lande bleibt, wird erfahren, wie unausweichlich ihr Ende bevorsteht, indem die moderne Zivilisation, angesetzt durch die Kolonialperiode, vordringt und vordringen muß. Der zweite Weltkrieg und seine Folgen beschleunigen diesen Prozeß.

Und auch die bewußte Geschichte lebt ein Leben von zweiter Hand. In den Schulen hören die Kinder eine zurechtgemachte Geschichte der Revolution gegen die ehemaligen Unterdrücker und des ungestörten Glanzes vorkolonialer Zustände. Wenn das nur für die Kolonialländer gilt, also nicht für Thailand und kaum für Kambodscha, stellt doch auch deren Geschichte weithin eine sekundär aufgenommene, d. h. durch die wissenschaftlichen Bemühungen der Europäer erst erschlossene oder neu gesehene Geschichte dar. Geschichtlichkeit, heißt das, ist die Folge der Modernisierung und nicht deren Vorgegebenheit, man hat seine Geschichte erst auf Grund des Zusammenstoßes mit dem Westen.

Ist das in China anders? China scheint, wenn es politisch handelt, immer noch in seiner Reichstradition zu stehen, die sozusagen schweigend hinter den offiziellen, in „Parteichinesisch" verfaßten Proklamationen steht. Aber sein Handeln geht (wenigstens in der Intention) über das Reich der Mitte und seine Umwelt hinaus; es zielt auf die Welt nicht einfach, weil Welt prinzipiell Welt geblieben wäre, T'ien-hsia, alles „unter dem Himmel", sondern weil es im Geiste des proletarischen Internationalismus geschieht. Man hat dies nicht nur als ein bloßes Schlagwort zu verstehen, dahinter stehen Aktionen, Umbildungen – „Verfremdungen". Und auch die eigene Geschichte ist unter dem Einfluß der europäischen Wissenschaft und des europäischen Geschichtsbildes eine neue geworden, nun wird sie auf die sozialistische Revolution des 20. Jh. zugespitzt. Der Einschnitt zwischen Geschichte und Gegenwart ist allenthalben schärfer als wir vermuten, vielleicht hoffen möchten.

Und selbst wenn wir daran festhalten wollten, daß wenigstens *unbewußt* eine Kontinuität des Faktischen bestehe, welche die Handelnden mitbestimme, so lebt dieses „Faktische“, also der gegebene Raum und die darin lebenden Menschen je in ihrer Form des Lebenskampfes, nicht mehr, wenn ich so sagen darf, in der „Unschuld“ des geschichtlichen Erbes, sondern es ist verändert, es hat eine andere Qualität erhalten. China und Südostasien in der Gegenwart sind gewiß noch mitbestimmt von ihrer Geschichte, aber die Gegenwart ist über sie mächtig geworden.

Summary

The region of Southeast Asia is characterized by a diversity of lands and peoples which stands in equipoise to the unity of China. For the most part these peoples originally came from South China from whence, in the course of the centuries, they have moved towards Southeast Asia under the pressure of gradual Chinese expansion. There they were influenced and transformed by Indian culture and particularly by Buddhism.

In China these events were at first merely recorded and since the 2nd century B. C. a position of power has been established only in North Vietnam. When, after the Mongolian period (1278–1367), China startet to take a political stand vis-a-vis the countries in Southeast Asia, these had long become independent, cultured, souvereign states. This is applicable also to Vietnam, culturally influenced by China. In general, they took an attitude of caution towards China as the leading power in East Asia. Since then China has regarded Southeast Asia as her sphere of influence. Colonial acquisitions, chiefly by England and France, the attempt by Japan politically to unite the East Asian zone for the first time, as well as the failure of the French restoration after 1945, are all factors contributing towards the present-day confrontation in Vietnam. At the same time it becomes more and more evident that events during the 20th century are no longer explicable solely by the history of Asian traditions.

Résumé

Le monde de l'Asie Orientale du Sud se distingue par une multitude des espaces vitaux et des peuples qui équivaut à l'unité de la Chine. A l'origine, ces peuples venaient le plus souvent du Sud de la Chine, d'où ils se sont déplacés progressivement tout au long des milliers d'années, sous la pression de la lente expansion chinoise, vers l'Asie du Sud-est. Là, ils subirent l'influence et la détermination de la culture indienne et surtout du bouddhisme.

A début, la Chine ne fit qu'enregistrer ces événements et, à partir du 2ème siècle avant J.-C., elle élabora une position de puissance au Nord du Vietnam seulement. Lorsque, depuis l'époque des Mongols (1278 à 1367), la Chine s'opposa politiquement aux pays de l'Asie Orientale du Sud, ceux-ci avaient acquis depuis longtemps l'indépendance, la conscience culturelle et la souveraineté. Il en est de même pour le Vietnam influencé par la culture chinoise. D'une manière générale, ils adoptaient une position pleine d'égards vis-à-vis de la Chine en tant que première puissance de l'Asie Orientale. Depuis lors, la Chine a considéré l'Asie Orientale du Sud comme un territoire influencé. Les acquisitions coloniales, en particulier celles de l'Angleterre et de la France, la tentative du Japon de rénuir pour la première fois politiquement l'espace asiatique de l'Est, ainsi que l'échec d'une restauration des Français après 1945, sont à la base de la confrontation actuelle au Vietnam. Et il devient de plus en plus clair que les événements du 20ème siècle ne s'expliquent plus uniquement par l'histoire de la tradition asiatique.

Diskussion

Frau Professor Dr. phil. Eleanor von Erdberg-Consten

Aus diesem schönen und interessanten Vortrag möchte ich besonders eine der letzten Feststellungen begrüßen, die mir so wichtig erscheint, daß ich es noch einmal aufgreifen will, daß nämlich der geschichtliche Vorrang der Chinesen, das, was wir als chinesische Geschichte kennen und das, was wir als die chinesische Kultur der Vergangenheit schätzen, heute, in der modernen Geschichte nicht mehr seiner Wichtigkeit entsprechend eingesetzt wird. Dies ist ein Fehler, der immer wieder gemacht wird, nicht nur von den Historikern, sondern auch von den Politikern, ein Fehler, der vielleicht gerade auf dem politischen Gebiet manchmal fatale Folgen haben könnte. Gerade darum ist es so wichtig, daß das gesagt worden ist, was Herr Professor Grimm uns erklärt hat.

Professor Dr. phil. Rudolf Vierhaus

Sie haben, glaube ich, nichts darüber gesagt, was Japan für das Thema, das Sie angeschnitten haben, bedeutet. Man könnte sich aber fragen, ob Japan seit dem 19. Jahrhundert – und vor allen Dingen dann noch einmal verstärkt während der wenigen Jahre der Besetzung – für die Ausbildung des Selbstbewußtseins der südostasiatischen Völker sowie der Chinesen wichtig gewesen ist und ob man davon sprechen kann, daß in Südostasien wie in China eine gemeinsame Front gegen Japan feststellbar ist.

Meine zweite Frage hat damit direkt nichts zu tun. Wir wissen, daß es vor allen Dingen in den Städten Südostasiens zahlreiche Chinesen gibt, die dort als Händler oder Handwerker leben. Sind diese Chinesen für eine imperiale Politik Chinas wichtig gewesen, und sind sie es noch?

Professor Dr. phil. Tilemann Grimm

Ich darf die letzte Frage zuerst beantworten: Die Haltung der Chinesen in Südostasien habe ich in dem kurzen Satz angesprochen: „... deren politische Willensbildung nach wie vor offen ist." Tatsächlich scheint es nach dem, was wir jetzt wissen, so zu sein, daß die Besorgnis, es könne von hier aus eine massive Parteinahme für das allmählich immer mächtiger werdende kommunistische China den Status quo in Südostasien über den Haufen werfen, in diesem Umfange nicht mehr begründet erscheint, und zwar deshalb, weil nicht wenige Gruppen unter den Südostasien-Chinesen ein neues Loyalitätsgefühl ihrem jetzigen Staat gegenüber entwickeln. Das ist nachweisbar in Thailand, in Birma und zum Teil in Malaysia, wo der chinesische Bevölkerungsteil besonders stark ist. Dort liegt auch der einzige Fall vor, wo die Chinesen im politischen Leben eine aktive Rolle spielen und in einer Unionspartei zusammengeschlossen sind, die mit der malaiischen Nationalpartei seit dem Bestehen dieses Staates sozusagen eine „Große Koalition" bildet.

Was die erste Frage nach der Rolle Japans angeht, so gilt es hier allerdings festzustellen, daß sie in den Jahren zwischen 1930 und 1945 sehr bedeutungsvoll war. Japans Vormachtstellung in Ost- und Südostasien hat zweifellos zur Festigung des Nationalgefühls in Südostasien beigetragen. Aber eine gemeinsame Front Chinas und Südostasiens gegen Japan ist nicht zustande gekommen. Besonders Thailand, das selbst nie Kolonialland gewesen ist, war es, das von Anfang an sozusagen auf die japanische Karte gesetzt hatte, und zwar aus dem Gefühl heraus, daß die Japaner die einzigen seien, die den Weg zur modernen Macht sinnvoll gewählt hatten und denen man sich darum im Gegensatz zu den Chinesen anschließen könne, die damals, in den 30er Jahren, offenbar noch nicht aus ihren inneren Wirren herausfinden konnten. Niemand konnte 1930 wissen, was 1949 geschah. Jedenfalls ist sicher, daß der zweite Weltkrieg keineswegs eine einheitliche Front gegen Japan erzeugt hat.

Staatssekretär i. e. R. Professor Dr. h. c., Dr.-Ing. E. h. Leo Brandt

Haben die Chinesen schon in früheren Zeiten unter Hungersnöten gelitten, oder aus welchen Gründen hat sie der Süden angezogen, wo an den Flußmündungen die großen Reisanbauflächen liegen? – Und welche Gründe sind heutzutage maßgebend? Haben die Chinesen wirklich ein Interesse daran, alle diese Gebiete mit der Zeit in die Hand zu bekommen, um ihre Ernährungsbasis zu verbessern, oder liegen die Antriebe hauptsächlich in den ideologischen Vorstellungen von der Weltrevolution unter chinesischer Führung?

Professor Dr. phil. Tilemann Grimm

Es ist eben das Besondere dieses Bevölkerungsschubes, der Stoß um Stoß vor sich ging, daß er auf verschiedene Ursachen zurückzuführen ist. Einerseits war es Übervölkerung in bestimmten Gebieten, wo für die damaligen wirtschaftlichen Möglichkeiten tatsächlich zu viele Menschen gelebt haben, andererseits waren es auch politische Gründe, indem die Menschen sich fremden Aggressionen und einer allzu harten Herrschaft entziehen wollten und sozusagen den „freieren" Süden wählten. Schon früh sprechen die Quellen von dem reicheren und angenehmeren Süden, in dem es sich gut leben läßt, wo die Menschen freundlich sind und wo man nicht die Schwierigkeiten durchzustehen hat, die in den angestammten Gebieten im Norden des Landes immer bestanden haben. Im Süden ist es dann zu Vermischungen gekommen, und bereits dort Seßhafte sind wieder weitergewandert. Es ist also nicht einfach der Hunger gewesen, hier sind komplexe Gründe anzuführen.

Was nun die heutige Situation betrifft, so besteht kein Zweifel, daß, in einem großen Zusammenhang gesehen, dieser allgemeine Druck nach wie vor besteht, der Druck von einer Region, die zu viele Menschen enthält, in Gebiete, die noch offen zu sein scheinen. Zunächst gibt es im heutigen chinesischen Territorium noch Raum, aber er dürfte eines Tages ausgefüllt sein. Dagegen gibt es fast menschenleere Gebiete in großen Teilen Südostasiens. So ist zum Beispiel Nordbirma praktisch leer, auch kaum erschlossen, und mit modernen technischen Mitteln ist es sicher möglich, hier fruchtbare Gebiete zu entwickeln und Möglichkeiten für die Ernährung von sehr viel mehr Menschen zu schaffen, als dort heute leben. Hier liegen also latente Gefahren. Ich glaube aber, daß China eine aktive Südostasienpolitik hauptsächlich aus zwei Gründen betreibt, einmal, um sich wieder diesen „Vorhof" zu sichern, um so den Gegner, heute vor allem die Vereinigten Staaten, auf weitere Distanz zu halten, zum anderen, um die Bodenschätze und fruchtbaren Anbaugebiete für die eigene Wirtschaft voll in Dienst zu nehmen. China hat das durch geeignete Wirtschaftsverträge mit Ceylon, mit Birma, mit Kambodscha bereits versucht. Diese Verträge haben sich aber wohl noch nicht in dem Maß ausgewirkt, wie es sich die chinesische Regierung gewünscht haben mag. Hier liegt jedenfalls auch ein ganz handgreifliches Ziel hinter den proklamierten Führungsansprüchen in der modernen Welt.

Frau Professor Dr. phil. Eleanor von Erdberg-Consten

Es ist während des Krieges in China eine Arbeit von dem Landwirtschaftsexperten Wilm entstanden – sie ist nie veröffentlicht worden –, der nachwies, daß es den Chinesen auf Grund der Bodenbeschaffenheit und der klimatischen Umstände unmöglich sei, sich jemals mit ihren eigenen Bodenerzeugnissen zu ernähren. Nun mag sich diese sehr ungünstige Situation durch das, was Herr Professor Grimm vorhin erwähnte, verschieben, nämlich dadurch, daß die Chinesen neue Gebiete erschließen und erschließen werden. Aber gewiß ist doch, daß weite Teile Chinas nicht fruchtbar sind und daß die ständigen Hungersnöte, die wie Interpunktionen in der chinesischen Geschichte stehen, durch die Beschaffenheit des Landes und seines Klimas bedingt waren, so daß darum ein Griff Chinas nach den sicheren und reichen Reisgebieten ein sehr natürlicher wäre.

Professor Dr. phil. Tilemann Grimm

Hier ist vielleicht noch hinzuzufügen, daß gewisse Länder Südostasiens in einer Zwickmühle sitzen. Das gilt vor allem für Birma. Im Westen von Birma liegt Ostpakistan, das stark übervölkert ist. Im Augenblick – das galt jedenfalls für die Zeit um 1960/61, als ich mich in Birma aufhalten durfte – wird die Hauptgefahr eher von dieser als von chinesischer Seite gesehen. Das liegt daran, daß die Provinz Yünnan zu jenen noch nicht „aufgefüllten" Provinzen gehört, außerdem herrscht dort ein verhältnismäßig angenehmes Klima. Dagegen ist es in den Flußtälern Südostasiens besonders in der heißen Zeit nicht gerade angenehm. Sicherlich können sich die chinesischen Siedler daran gewöhnen, und sie haben sich in den südostasiatischen Städten, in denen sie leben, daran gewöhnt. Sie werden aber nicht ohne Not aus ihrem unmittelbaren Siedlungsraum dort hinziehen, während die Ostpakistaner, die muslimischen Bengalen, sich in diesem Gebiet durchaus wohlfühlen können und auf jede mögliche Art und Weise versuchen, dort Fuß zu fassen.

Man wird also vermuten und befürchten müssen, daß gerade dieses Land, das heute im Windschatten der großen Ereignisse liegt, in den nächsten Jahren besonderen Schwierigkeiten entgegensieht.

Präsident Dr. jur. Wilhelm Pötter

Wenn ich die Fachleute richtig verstanden habe, sind sie der Meinung, daß sich das chinesische Volk unter dem Einfluß der neuen Ideen verändert habe und, um es einmal so auszudrücken, aus einer statischen Gewalt zu einer dynamischen Gewalt geworden sei. Ich bin eigentlich erstaunt, daß man das schon nach der kurzen Zeit in dieser Entschiedenheit sagen kann, und wollte fragen, ob es in der Geschichte Beispiele gibt, in denen wir etwas Ähnliches erlebt haben, daß nämlich unter dem Einfluß geistiger Ideen, die nicht einmal aus dem eigenen Volk entstanden sind, sondern von anderer Seite zugetragen wurden, solche strukturellen Änderungen und Veränderungen eingetreten sind. Wenn ich bedenke, daß zum Beispiel der etwas merkwürdige Ausgang des chinesisch-indischen Krieges vor einigen Jahren doch eigentlich für das Gegenteil zu sprechen scheint, dann frage ich mich, wie man jetzt schon ein so sicheres Urteil in dem erwähnten Sinne abgeben kann.

Professor Dr. phil. Tilemann Grimm

Ich wollte über den Satz, den ich am Schluß ausgesprochen habe, daß die Gegenwart über die Geschichte mächtig geworden sei, nicht hinausgehen. Dieser Satz ist sehr allgemein gehalten. Man kann kaum schon in die konkreten Einzelheiten eintreten. Ich halte es mit Ihnen durchaus für fraglich, ob die Ideologisierung des chinesischen Volkes durch den Kommunismus den Typus verändert, so daß der Chinese etwa kein Chinese mehr wäre. Aber im Zusammenhang mit der gesamten historischen Entwicklung insbesondere der letzten hundert Jahre bedeutet diese Dynamisierung der chinesischen Politik doch mehr, als daß nur an eine jahrtausendealte Vergangenheit angeknüpft würde. Und wenn Sie noch die Vergrößerung des chinesischen Volkskörpers hinzunehmen, also die zunehmende Schwierigkeit, sich mit dem eigenen Raum zufriedenzugeben, dann potenziert sich dies, alles zusammengenommen, tatsächlich zu einem neuen Ansatz. Deshalb meine ich eben, daß wir auf jeden Fall von den Vorstellungen Abschied nehmen müssen, als warte das alte China nur darauf, etwa nach einer Abnahme des Einflusses der kommunistischen Herrschaft, wieder zu erstehen. China ist in jedem Fall, was immer politisch im einzelnen geschehen mag, auf dem Wege, eine moderne Großmacht zu werden, und das wird im Laufe der Zeit in der Tat Strukturveränderungen mit sich bringen, von deren Ausmaß wir uns noch keine rechten Vorstellungen machen können. Die Großfamilie besteht de facto nicht mehr. Dieser Desintegrationsprozeß hat aber schon vor fünfzig Jahren begonnen, und er geht weiter. Die Zukunft wird aller Voraussicht nach auch in China von Technokraten bestimmt werden, wie die Gegenwart in der Sowjetunion schon von ihnen bestimmt wird.

Bergwerksdirektor Bergassessor a. D. Hellmut Hansen

Der zunehmende Bevölkerungsdruck der Chinesen, von dem so viel gesprochen wird, zwingt doch offenbar dazu, imperialistische Ideen der Chinesen zu fördern. Sie sprachen von Südostasien. Ich habe gelesen, daß Sibirien ein für die Chinesen sehr interessantes Feld sein könnte. In diesem Falle wird wohl weniger die Frage der Ernährung als die Frage der Bodenschätze eine Rolle spielen. Ich wäre dankbar, wenn Sie uns sagen könnten, ob die Frage der Ausdehnung des chinesischen Staates nach Norden nicht mehr als akut angesehen wird.

Professor Dr. phil. Tilemann Grimm

Das würde ich sicher nicht sagen, denn noch in dem jüngeren Abschnitt der Geschichte, nämlich im Laufe der letzten hundert Jahre, haben wir die Sinisierung der Mandschurei erlebt. Das ist ein Verschiebungsprozeß von Süden nach Norden, der sich sozusagen unter unseren Augen abgespielt hat. Das gleiche ist für die Randzone der sogenannten Inneren Mongolei zu sagen, wo die chinesischen Bauern Schritt um Schritt vorgedrungen sind. Die Innere Mongolei ist heute nur dem Namen nach als autonome Regierung eine Innere „Mongolei“. De facto ist es ein chinesisches Siedlungsgebiet. Ich habe die Bevölkerungsziffer nicht genau im Kopf, aber das Verhältnis beträgt etwa 80 : 20 %. So stark hat sich das bereits verschoben. Das gleiche wird von Zentralasien zu sagen sein, wo zunächst noch vor allen Dingen unter dem Militär stehende Wirtschaftsunternehmen durchgeführt werden.

Das ist aber natürlich auch ein Teilaspekt der Sinisierung. Der Druck macht sich also durchaus nach allen Seiten hin fühlbar. Insofern möchte ich das bestätigen.

Vielleicht darf ich noch eines hinzufügen: Politisch-historisch ist alles, was China sagt und was China tut, immer noch mitbestimmt von einer Reaktion auf hundert Jahre europäischen Imperialismus. Es wird sich vielleicht in einigen Jahren oder Jahrzehnten allmählich verschieben und eine neue Form annehmen, jetzt ist es noch so, daß man die Vereinigten Staaten dort sieht, wo Frankreich noch vor siebzig oder achtzig Jahren stand. Das Zeitalter des Imperialismus ist, so gesehen, für China noch nicht abgeschlossen.

Professor Dr. phil. Benno von Wiese und Kaiserswaldau

Ich habe nur eine Frage. Sie sind gar nicht auf Tschiangkaischek eingegangen, was mich etwas gewundert hat. Ist auch dort dieser Bruch zwischen Vergangenheit und Gegenwart zu beobachten, oder könnte man sagen, daß dort noch ein stärkeres Nachwirken der alten chinesischen Tradition vorherrscht? Geben Sie diesem Teil Chinas, den es immerhin auch gibt und der politisch eine Rolle spielt, für die Zukunft überhaupt eine Chance? Das meine ich nicht nur in politischer Beziehung, sondern auch kulturell oder geistesgeschichtlich. Oder haben Sie ihn absichtlich von vornherein ausgeklammert?

Professor Dr. phil. Tilemann Grimm

Ich bin gar nicht so weit gekommen, hier etwa eine Wahl zu treffen, sondern habe eben nur von China als Einheit gesprochen. Allerdings habe ich den proletarischen Internationalismus speziell zitiert. Ich habe jedoch durch die gesamten Ausführungen hindurch China als ein Ganzes gesehen, ohne mich nun im einzelnen zu differenzieren. Diese Frage ist aber wichtig. Ich persönlich bin der Überzeugung, daß sich der Bruch auch dort vollzogen hat, nur nicht so offenkundig der Welt ins Gesicht, wie es im kommunistischen China der Fall ist. Nationalchina, das sich heute auf der Insel Taiwan befindet, betont zwar – aber das ist, würde ich sagen, mehr Zweckpropaganda –, daß es die wahre Fortsetzerin der chinesischen Tradition darstelle. In Wirklichkeit ergreift auch dort die moderne Welt, nur mit dem anderen Aspekt der wirtschaftlichen, technischen Zivilisation, das Leben der Menschen. Gerade Taiwan ist ein gutes Beispiel für eine rapide und für die Bevölkerung sehr positive Entwicklung während der letzten zehn Jahre. Die Wirtschaft floriert, eine Industrie entwickelt sich in raschem Fortschreiten. Taiwan exportiert und schickt Landwirtschaftsteams nach Afrika, die dort den Kommunisten Konkurrenz machen. Hier herrscht also durchaus politische Aktivität. Wenn Sie aber die grundsätzliche Frage stellen, ob hier noch von einer Fortsetzung der Tradition im Sinne eben dieser Tradition gesprochen werden könne, würde ich sagen: Nein. Wir haben es vielmehr mit einem modernen China zu tun, das nicht kommunistisch ist.

Professor Dr. phil. Rudolf Vierhaus

Ich habe eine allgemeine Bemerkung zu machen und eine Frage zu stellen.

Die allgemeine Bemerkung: Ich glaube, es ist eine leider schon zu lieb gewordene Vorstellung, von der man abkommen muß, daß, wenn wir von *den* Chinesen, *den* Russen usw. sprechen, wir meinen, das seien feste, unwandelbare Größen, weil anthropologisch etwas angesetzt sei, das nicht verändert werden könne. Ich bin der Meinung, daß uns die in den letzten fünfzig oder im weiteren Sinne in den letzten 150 Jahren in Europa sich vollziehende soziale Wandlung dazu bringen wird, solche Kontinuitäten eines Wesens, eines geprägten historischen Charakters nicht mehr einfach als gegeben anzusehen. Ich halte es für möglich, daß im Zuge dessen, was wir als zivilisatorisch-technische Umwälzung bezeichnen, Veränderungen von einem solchen Größengrad eintreten können, daß sich tatsächlich der Charakter von ganzen Menschengruppen und Völkern, den man noch als komplexe Vorstellung hat, über längere Zeit, aber doch sehr tiefgreifend wandelt. Was wir zur Zeit in Afrika erleben, ist auch ein Beispiel dafür. Das trifft sicher für Ostasien ebenso zu. Das Charakteristische ist, daß jetzt politisch mit Traditionen manipuliert werden kann.

Die Frage, die ich noch habe, ist etwas heikel: Was bedeutet eigentlich für einen Teil Südostasiens nicht nur die Kolonialherrschaft, sondern speziell die französische Kolonialherrschaft? Es ist doch nicht abzustreiten, daß das Gebiet, das unter französischer Kolonialherrschaft gestanden hat, heute in besonderer Weise unruhig und revolutionär gefährdet ist. Kann man sagen, daß die französische Kolonialherrschaft den Beherrschten oder einem Teil von ihnen zu einem Bildungsstand verholfen hat, der sie befähigt, revolutionär, kritisch-oppositionell aufzutreten? Oder hat es die französische Kolonialherrschaft in besonders starkem Maße versäumt, auf breiterer Ebene einen sozialen Ausgleich zu schaffen, also das Gefälle zu überwinden, aus dem heraus Spannungen erwachsen?

Professor Dr. phil. Tilemann Grimm

Ich würde sagen, daß ganz vordergründig die verfehlte Politik nach dem zweiten Weltkrieg dafür verantwortlich zu machen ist. Selbstverständlich bestanden zwischen dem englischen, dem französischen und dem holländischen Teil Unterschiede im Stil der kolonialen Beherrschung ihrer Gebiete. Der Mangel an Ausbildung einheimischer Führungskräfte ist am stärksten im holländischen Teil fühlbar geworden, das macht die Neubildung Indonesiens so außerordentlich schwierig. In den englischen Gebieten ist dies am planmäßigsten geschehen. Auch in den französischen Gebieten hat man viel getan, allerdings nicht so planmäßig und mit den Erfahrungen, mit denen die Engländer operieren konnten. Dem wäre allerdings hinzuzufügen, daß es insbesondere Paris gewesen ist, wo junge asiatische Intellektuelle sich im revolutionären Sinn bilden konnten. Das ist in London in einem viel geringeren Umfang der Fall gewesen. Wenn aber 1945/46 eine französische Labourregierung vorstellbar gewesen wäre und nicht der Einfluß der Militärs eine so große Rolle gespielt hätte, würde ich meinen, daß man Ho Chi Minh damals die Macht hätte lassen können, die er bereits besaß, um so diesen Teil des ehemaligen Kolonialimperiums mit realen Chancen auf jenen neutralistischen Weg zu führen, den de Gaulle jetzt viel zu spät vorschlägt.

Professor Dr. rer. pol. Theodor Wessels

Bei der Erörterung von Entwicklungsproblemen muß man – so glaube ich – darauf hinweisen, daß die Stärke des Bevölkerungsdruckes alle wirtschaftlichen und sozialen Fragen des Landes beeinflussen wird. Amerikanische Untersuchungen, die auch Material aus China verwertet haben, zeigen übereinstimmend, daß Länder mit niedrigem Lebensstandard und großer Bevölkerungsvermehrung nur sehr schwer wirtschaftliche Notlagen zu überwinden in der Lage sind. Gelingt es in diesen Gebieten wirklich, den Ertrag der Wirtschaft zu erhöhen, d. h. das Sozialprodukt zu steigern, so wird dieses Wachsen der Produktivität sehr schnell mit einer Bevölkerungsvermehrung beantwortet. Die wachsende Güterproduktion muß dann auf eine größere Zahl von Individuen aufgeteilt werden. So geraten diese Länder in eine Falle, indem sie trotz kontinuierlicher Erhöhung des Sozialproduktes den Lebensstandard der Individuen nicht oder jedenfalls nicht proportional zur Erhöhung des Wirtschaftsertrages zu verbessern vermögen. Eine derartige Situation ist für das heutige China zweifellos aktuell.

Auf Grund eingehender Untersuchungen wissen wir aber auch, daß dieser Zusammenhang zwischen Sozialprodukt und Bevölkerungsentwicklung nicht für jede Höhe des Volkseinkommens besteht. Hat der Volkswohlstand ein bestimmtes Ausmaß überschritten, so läßt sich ein eindeutiger Zusammenhang zwischen der Bevölkerungsbewegung und der weiteren Erhöhung des Wirtschaftsertrages nicht mehr konstatieren. In vielen Fällen ergibt sich sogar eine genau entgegengesetzte Beziehung; je höher der Wohlstand, um so kleiner das Bevölkerungswachstum. Für Länder, die sich in einer Entwicklung befinden, ist es daher sehr wesentlich, daß sie diese kritische Phase überwinden: dann öffnet sich die Falle, und dann läßt die Erhöhung des gesamten Sozialproduktes die individuellen Einkommen steigen. Zweifellos aber ist es für die Entwicklungsländer außerordentlich schwer, diesen Wendepunkt zu erreichen. Bisher haben die Entwicklungshilfen nicht vermocht, eine solche Wohlstandssteigerung durchzusetzen. Das kommunistische Regime Chinas hat zweifellos die Produktivität der Volkswirtschaft, den Lebensstandard seiner Bevölkerung aber nur wenig verbessern können.

Staatssekretär i. e. R. Professor Dr. h. c., Dr.Ing. E. h. Leo Brandt

Hier wäre kurz auf das Buch von Fucks einzugehen. Er bezieht sich auf eine Anzahl von Statistiken, die eben dies aussagen: Für eine bestimmte Phase, die man die Phase der Industrialisierung nennt, ist ein hoher Geburtenüberschuß zu verzeichnen, aber nachher geht mit dem Wachsen des Wohlstandes die Geburtenziffer erheblich zurück. Nun ist die Frage, ob der Gesamtumfang Chinas und die Intensivierung der Landwirtschaft ausreichen, die Menschen zu ernähren, die dort zum Ende dieser Phase leben werden. Wenn das der Fall sein könnte, dann wäre die Expansion nicht zwingend. Wenn aber nicht, dann muß China auseinanderplatzen. Vielleicht kann uns aber wieder hoffen lassen, daß die Amerikaner große Anstrengungen machen, Meerwasser in wirtschaftlicher Weise zu entsalzen, um große aride Flächen bewässern zu können. Sie arbeiten hier, wie sich bei der letzten Welt-Atomkonferenz in Genf zeigte, mit der Sowjetunion und Israel zusammen. Warum sollen sich nicht auch die Chinesen, die große Wüsten in ihrem Lande haben, darum bemühen?

Wir haben gehört, daß sich die Chinesen in der Industrialisierungsphase befinden. Warum sagen sie sich nicht, daß es besser wäre, wenn sie ihre Ernährungsprobleme im eigenen Lande lösen?

Warum schicken die Chinesen heute Ho Chi Minh nach vorn? Oder ist es in Wirklichkeit so, daß Ho Chi Minh aus eigener Initiative handelt und die Chinesen mehr oder weniger hinter sich herzieht? Das ist eine sehr vordergründige Frage aus dem politischen Tagesgeschehen, aber sie drängt sich auf.

Professor Dr. phil. Tilemann Grimm

Das ist schwer zu beurteilen. Die heutige Situation in Vietnam hat ihren Ausgangspunkt zweifellos in der verfehlten französischen Politik nach 1945. Ho Chi Minh war damals schon Regierungschef, und das hat den französisch-vietnamesischen Krieg mit seinem bekannten Ergebnis und alles weitere ausgelöst, was davon nur die Folge ist. Ein eigenes Bestreben innerhalb Vietnams wird hier schon deutlich. Auf der anderen Seite ist aber unbezweifelbar, daß die Regierungen in Peking und Hanoi im Augenblick eng zusammenspielen, so daß man etwa sagen kann, China sei mit der augenblicklichen Situation ganz zufrieden, bei der die Vietnamesen sich auf kriegerischem Wege darum bemühen, ihren Staat voll in die Hand zu bekommen. China ist deshalb so zufrieden, weil der Hauptgegner, die Vereinigten Staaten, wie an einem Nagel festgehalten ist und nicht so leicht wieder loskommt. Ich würde sagen, daß es sich zur Zeit um eine Art Zweckgemeinschaft handelt, die unter ganz anderen Umständen sehr wohl auch wieder zu einer Gegnerschaft führen könnte, wie das in der Geschichte häufig der Fall gewesen ist.

Frau Professor Dr. phil. Eleanor von Erdberg-Consten

Der amerikanische Journalist David Schoenbrun hat in einem Vortrag in Buffalo (am 8. 12. 1965) die augenblickliche Situation von Ho Chi Minh und ihre Vorgeschichte in der Weise geschildert, daß er auf eine Erbfeindschaft Nordvietnams zu China hindeutet, die erst durch die augenblicklichen

Ereignisse und durch das amerikanische Eingreifen in Südvietnam zu einer solchen Interessengemeinschaft geworden ist, wie Sie es eben erklärten. Schoenbrun meint, daß, wenn sich die Vereinigten Staaten in diesem Konflikt anders verhalten hätten, dann Ho Chi Minh als Herrscher von Nord- und Südvietnam eine Art Tito-Kommunismus in krassem Gegensatz zu den Chinesen befolgt hätte. Dies trage ich nur als eine Meinung vor, die möglicherweise von der allgemeinen amerikanischen Meinung abweicht.

Professor Dr. phil. Tilemann Grimm

Im Sinne des Themas, und indem ich lose an diese Bemerkung anknüpfe, darf ich noch folgendes als historische Parallele hinzufügen: Als die Vietnamesen sich der mongolischen Invasion gegen Ende des 13. Jh. erwehrt hatten – das war ein großer Sieg –, haben sie das auf Chinesich in einer Form festgehalten, die den chinesischen Darstellungen nachgeahmt war. So weit ging nun doch der kulturelle Einfluß der chinesischen Kultur auf Vietnam. Sie kehrten aber den Spieß um, indem sie für die vertriebenen chinesischen und mongolischen Truppen die gleichen Ausdrücke gebrauchten, wie die Chinesen sie für die Barbaren zu benutzen pflegten. Und sie nannten ihren eigenen vietnamesischen Rebellenführer – im chinesischen Sinn – den rechtmäßigen Herrscher. Das ist ein gutes Beispiel für die Übernahme eines fremden Vokabulars zur Steigerung des eigenen Selbstbewußtseins.

Professor Dr. jur. Hans Welzel

Ich spreche in dieser Sache wie der Blinde von der Farbe. In dem, was Sie sagten, zum Teil auch in den Diskussionsbeiträgen, war von den Hungersnöten die Rede, die China überfallen haben. Ich habe folgende Frage: Ist China mit seinen inneren Problemen weitgehend dadurch fertig geworden, daß es die Hungersnöte ertragen hat? Hat sich das Problem der Überbevölkerung dadurch erledigt, daß die Menschen durch Hunger starben? Wenn man im Gegensatz dazu etwa die europäische Geschichte vergleicht, so ist sie eine Folge unentwegter Kriege gegeneinander. Die Ostasiaten dagegen sterben, wenn es nichts zu essen gibt. Ich weiß darum nicht, ob man vor der „Bevölkerungsexplosion", von der man heute immer wieder hört, wirklich solche Furcht haben muß. Ich möchte in diesem Zusammenhang nicht vom

„Volkscharakter" sprechen. Aber in der Geschichte der Chinesen scheint es doch so zugegangen zu sein, daß sie ihre inneren Probleme in sich selbst abgemacht haben und nicht durch Expansion, vor allem nicht durch kriegerische Expansion nach außen.

Wenn sich die Chinesen tatsächlich nun auch industrialisieren und wenn sie sich europäisieren, würden Sie dann befürchten, daß, wie man es oft in Büchern liest und wie es die Russen befürchten, die Gefahr einer Invasion nach Sibirien hinein besteht? Liegt das in den geschichtlichen Erfahrungen, die uns China bietet? Vielleicht bietet uns die Geschichte gar keine Handhabe dazu, so etwas anzunehmen. Modern gesehen, könnte wahrscheinlich durch eine *Geburtenregelung* die Beschränkung der Bevölkerungszahl erreicht werden. Jedenfalls brauchte dann die Frage nicht im (bisherigen) europäischen Sinne durch kriegerische Expansionen gelöst zu werden, sondern durch innere Maßnahmen.

Professor Dr. phil. Tilemann Grimm

Ich glaube nicht, daß wir ohne weiteres einen Vergleich mit Europa anstellen können. Das Bild, das wir von Europa her kennen, gilt für China schon deshalb nicht, weil für China die multilaterale Staatenwelt niemals bestimmend gewesen ist. Die Hungersnöte haben gleichwohl gar nicht selten zu kriegerischen Ereignissen allerdings interner Art geführt. Die Hungerrevolte war in der Regel sogar der auslösende Faktor für eine Rebellion, die Abspaltung einer Provinz oder dergleichen. Ich würde auch nicht behaupten wollen, daß nun speziell die militärische Expansion das zu Befürchtende sei, wenn man überhaupt von Furcht reden will, sondern daß es sich viel eher um eine planmäßige, systematische, Schritt für Schritt vor sich gehende politische Durchdringung dieses Raumes handeln dürfte, was bereits geschieht und sich vermutlich intensivieren wird, immer wieder behindert durch Schwierigkeiten von der Art, wie wir sie vorhin besprochen haben. Eine planmäßige Geburtenregelung steht auf einem anderen Blatt, die politische und wirtschaftliche Machtausweitung in Asien wird davon gar nicht berührt. Und das gegenüber früheren Epochen Andersartige ist einfach die Tatsache, daß dieser Prozeß mit den Mitteln der modernen technischen Zivilisation und bis auf weiteres mit weltrevolutionären Zielsetzungen vor sich gehen kann.

VERÖFFENTLICHUNGEN DER ARBEITSGEMEINSCHAFT FÜR FORSCHUNG DES LANDES NORDRHEIN-WESTFALEN

AGF-N Heft Nr.		NATUR-, INGENIEUR- UND GESELLSCHAFTSWISSENSCHAFTEN
1	*Friedrich Seewald, Aachen*	Neue Entwicklungen auf dem Gebiete der Antriebsmaschinen
	Fritz A. F. Schmidt, Aachen	Technischer Stand und Zukunftsaussichten der Verbrennungsmaschinen, insbesondere der Gasturbinen
	Rudolf Friedrich, Mülheim (Ruhr)	Möglichkeiten und Voraussetzungen der industriellen Verwertung der Gasturbine
2	*Wolfgang Riezler †, Bonn*	Probleme der Kernphysik
	Fritz Micheel, Münster	Isotope als Forschungsmittel in der Chemie und Biochemie
3	*Emil Lehnartz, Münster*	Der Chemismus der Muskelmaschine
	Gunther Lehmann, Dortmund	Physiologische Forschung als Voraussetzung der Bestgestaltung der menschlichen Arbeit
	Heinrich Kraut, Dortmund	Ernährung und Leistungsfähigkeit
4	*Franz Wever, Düsseldorf*	Aufgaben der Eisenforschung
	Hermann Schenck, Aachen	Entwicklungslinien des deutschen Eisenhüttenwesens
	Max Haas, Aachen	Die wirtschaftliche und technische Bedeutung der Leichtmetalle und ihre Entwicklungsmöglichkeiten
5	*Walter Kikuth, Düsseldorf*	Virusforschung
	Rolf Danneel, Bonn	Fortschritte der Krebsforschung
	Werner Schulemann, Bonn	Wirtschaftliche und organisatorische Gesichtspunkte für die Verbesserung unserer Hochschulforschung
6	*Walter Weizel, Bonn*	Die gegenwärtige Situation der Grundlagenforschung in der Physik
	Siegfried Strugger †, Münster	Das Duplikantenproblem in der Biologie
	Fritz Gummert †, Essen	Überlegungen zu den Faktoren Raum und Zeit im biologischen Geschehen und Möglichkeiten einer Nutzanwendung
7	*August Götte, Aachen*	Steinkohle als Rohstoff und Energiequelle
	Karl Ziegler, Mülheim (Ruhr)	Über Arbeiten des Max-Planck-Instituts für Kohlenforschung
	Wilhelm Fucks, Aachen	Die Naturwissenschaft, die Technik und der Mensch
	Walther Hoffmann, Münster	Wirtschaftliche und soziologische Probleme des technischen Fortschritts
9	*Franz Bollenrath, Aachen*	Zur Entwicklung warmfester Werkstoffe
	Heinrich Kaiser, Dortmund	Stand spektralanalytischer Prüfverfahren und Folgerung für deutsche Verhältnisse
10	*Hans Braun, Bonn*	Möglichkeiten und Grenzen der Resistenzzüchtung
	Carl Heinrich Dencker, Bonn	Der Weg der Landwirtschaft von der Energieautarkie zur Fremdenergie
11	*Herwart Opitz, Aachen*	Entwicklungslinien der Fertigungstechnik in der Metallbearbeitung
	Karl Krekeler, Aachen	Stand und Aussichten der schweißtechnischen Fertigungsverfahren
12	*Hermann Rathert, W'tal-Elberfeld*	Entwicklung auf dem Gebiet der Chemiefaser-Herstellung
	Wilhelm Weltzien †, Krefeld	Rohstoff und Veredlung in der Textilwirtschaft
13	*Karl Herz, Frankfurt a. M.*	Die technischen Entwicklungstendenzen im elektrischen Nachrichtenwesen
	Leo Brandt, Düsseldorf	Navigation und Luftsicherung
14	*Burckhardt Helferich, Bonn*	Stand der Enzymchemie und ihre Bedeutung
	Hugo Wilhelm Knipping, Köln	Ausschnitt aus der klinischen Carcinomforschung am Beispiel des Lungenkrebses

15	*Abraham Esau †, Aachen*	Ortung mit elektrischen u. Ultraschallwellen in Technik u. Natur
	Eugen Flegler, Aachen	Die ferromagnetischen Werkstoffe der Elektrotechnik und ihre neueste Entwicklung
16	*Rudolf Seyffert, Köln*	Die Problematik der Distribution
	Theodor Beste, Köln	Der Leistungslohn
17	*Friedrich Seewald, Aachen*	Die Flugtechnik und ihre Bedeutung für den allgemeinen technischen Fortschritt
	Edouard Houdremont †, Essen	Art und Organisation der Forschung in einem Industriekonzern
18	*Werner Schulemann, Bonn*	Theorie und Praxis pharmakologischer Forschung
	Wilhelm Groth, Bonn	Technische Verfahren zur Isotopentrennung
19	*Kurt Traenckner †, Essen*	Entwicklungstendenzen der Gaserzeugung
20	*M. Zvegintzov, London*	Wissenschaftliche Forschung und die Auswertung ihrer Ergebnisse Ziel und Tätigkeit der National Research Development Corporation
	Alexander King, London	Wissenschaft und internationale Beziehungen
21	*Robert Schwarz †, Aachen*	Wesen und Bedeutung der Siliciumchemie
	Kurt Alder †, Köln	Fortschritte in der Synthese der Kohlenstoffverbindungen
21a	*Karl Arnold †*	Forschung an Rhein und Ruhr
	Otto Hahn, Göttingen	Die Bedeutung der Grundlagenforschung für die Wirtschaft
	Siegfried Strugger †, Münster	Die Erforschung des Wasser- und Nährsalztransportes im Pflanzenkörper mit Hilfe der fluoreszenzmikroskopischen Kinematographie
22	*Johannes von Allesch, Göttingen*	Die Bedeutung der Psychologie im öffentlichen Leben
	Otto Graf, Dortmund	Triebfedern menschlicher Leistung
23	*Bruno Kuske, Köln*	Zur Problematik der wirtschaftswissenschaftlichen Raumforschung
	Stephan Prager, Düsseldorf	Städtebau und Landesplanung
24	*Rolf Danneel, Bonn*	Über die Wirkungsweise der Erbfaktoren
	Kurt Herzog, Krefeld	Der Bewegungsbedarf der menschlichen Gliedmaßengelenke bei der Arbeit
25	*Otto Haxel, Heidelberg*	Energiegewinnung aus Kernprozessen
	Max Wolf, Düsseldorf	Gegenwartsprobleme der energiewirtschaftlichen Forschung
26	*Friedrich Becker, Bonn*	Ultrakurzwellenstrahlung aus dem Weltraum
	Hans Straßl, Münster	Bemerkenswerte Doppelsterne und das Problem der Sternentwicklung
27	*Heinrich Behnke, Münster*	Der Strukturwandel der Mathematik in der ersten Hälfte des 20. Jahrhunderts
	Emanuel Sperner, Hamburg	Eine mathematische Analyse der Luftdruckverteilungen in großen Gebieten
28	*Oskar Niemczyk †, Berlin*	Die Problematik gebirgsmechanischer Vorgänge im Steinkohlenbergbau
	Wilhelm Ahrens, Krefeld	Die Bedeutung geologischer Forschung für die Wirtschaft, besonders in Nordrhein-Westfalen
29	*Bernhard Rensch, Münster*	Das Problem der Residuen bei Lernvorgängen
	Hermann Fink, Köln	Über Leberschäden bei der Bestimmung des biologischen Wertes verschiedener Eiweiße von Mikroorganismen
30	*Friedrich Seewald, Aachen*	Forschungen auf dem Gebiet der Aerodynamik
	Karl Leist †, Aachen	Einige Forschungsarbeiten aus der Gasturbinentechnik
31	*Fritz Mietzsch †, Wuppertal*	Chemie und wirtschaftliche Bedeutung der Sulfonamide
	Gerhard Domagk †, Wuppertal	Die experimentellen Grundlagen der bakteriellen Infektionen
32	*Hans Braun, Bonn*	Die Verschleppung von Pflanzenkrankheiten und Schädlingen über die Welt
	Wilhelm Rudorf, Köln	Der Beitrag von Genetik und Züchtung zur Bekämpfung von Viruskrankheiten der Nutzpflanzen

33	*Volker Aschoff, Aachen*	Probleme der elektroakustischen Einkanalübertragung
	Herbert Döring, Aachen	Die Erzeugung und Verstärkung von Mikrowellen
34	*Rudolf Schenck, Aachen*	Bedingungen und Gang der Kohlenhydratsynthese im Licht
	Emil Lehnartz, Münster	Die Endstufen des Stoffabbaues im Organismus
34a	*Wilhelm Fucks, Aachen*	Mathematische Analyse von Sprachelementen, Sprachstil und Sprachen
35	*Hermann Schenck, Aachen*	Gegenwartsprobleme der Eisenindustrie in Deutschland
	Eugen Piwowarsky †, Aachen	Gelöste und ungelöste Probleme im Gießereiwesen
36	*Wolfgang Riezler †, Bonn*	Teilchenbeschleuniger
	Gerhard Schubert, Hamburg	Anwendungen neuer Strahlenquellen in der Krebstherapie
37	*Franz Lotze, Münster*	Probleme der Gebirgsbildung
38	*E. Colin Cherry, London*	Kybernetik. Die Beziehung zwischen Mensch und Maschine
	Erich Pietsch, Frankfurt	Dokumentation und mechanisches Gedächtnis – zur Frage der Ökonomie der geistigen Arbeit
39	*Abraham Esau †, Aachen*	Der Ultraschall und seine technischen Anwendungen
	Heinz Haase, Hamburg	Infrarot und seine technischen Anwendungen
40	*Fritz Lange, Bochum-Hordel*	Die wirtschaftliche und soziale Bedeutung der Silikose im Bergbau
	Walter Kikuth und Werner Schlipköter, Düsseldorf	Die Entstehung der Silikose und ihre Verhütungsmaßnahmen
40a	*Eberhard Gross, Bonn*	Berufskrebs und Krebsforschung
	Hugo Wilhelm Knipping, Köln	Die Situation der Krebsforschung vom Standpunkt der Klinik
41	*Gustav Victor Lachmann, London*	An einer neuen Entwicklungsschwelle im Flugzeugbau
	A. Gerber, Zürich-Oerlikon	Stand der Entwicklung der Raketen- und Lenktechnik
42	*Theodor Kraus, Köln*	Über Lokalisationsphänomene und Ordnungen im Raume
	Fritz Gummert †, Essen	Vom Ernährungsversuchsfeld der Kohlenstoffbiologischen Forschungsstation Essen
42a	*Gerhard Domagk †, Wuppertal*	Fortschritte auf dem Gebiet der experimentellen Krebsforschung
43	*Giovanni Lampariello, Rom*	Das Leben und das Werk von Heinrich Hertz
	Walter Weizel, Bonn	Das Problem der Kausalität in der Physik
43a	*Jose Ma Albareda, Madrid*	Die Entwicklung der Forschung in Spanien
44	*Burckhardt Helferich, Bonn*	Über Glykoside
	Fritz Micheel, Münster	Kohlenhydrat-Eiweißverbindungen und ihre biochemische Bedeutung
45	*John von Neumann †, Princeton*	Entwicklung und Ausnutzung neuerer mathematischer Maschinen
	Eduard Stiefel, Zürich	Rechenautomaten im Dienste der Technik
46	*Wilhelm Weltzien †, Krefeld*	Ausblick auf die Entwicklung synthetischer Fasern
	Walther G. Hoffmann, Münster	Wachstumsprobleme der Wirtschaft
47	*Leo Brandt, Düsseldorf*	Die praktische Förderung der Forschung in Nordrhein-Westfalen
	Ludwig Raiser, Tübingen	Die Förderung der angewandten Forschung durch die Deutsche Forschungsgemeinschaft
48	*Hermann Tromp, Rom*	Die Bestandsaufnahme der Wälder der Welt als internationale und wissenschaftliche Aufgabe
	Franz Heske, Hamburg	Die Wohlfahrtswirkungen des Waldes als internationales Problem
49	*Günther Böhnecke, Hamburg*	Zeitfragen der Ozeanographie
	Heinz Gabler, Hamburg	Nautische Technik und Schiffssicherheit
50	*Fritz A. F. Schmidt, Aachen*	Probleme der Selbstzündung und Verbrennung bei der Entwicklung der Hochleistungskraftmaschinen
	August Wilhelm Quick, Aachen	Ein Verfahren zur Untersuchung des Austauschvorganges in verwirbelten Strömungen hinter Körpern mit abgelöster Strömung
51	*Johannes Pätzold, Erlangen*	Therapeutische Anwendung mechanischer und elektrischer Energie

52	*F. W. A. Patmore, London*	Der Air Registration Board und seine Aufgaben im Dienste der britischen Flugzeugindustrie
	A. D. Young, London	Gestaltung der Lehrtätigkeit in der Luftfahrttechnik in Großbritannien
52a	*C. Martin, London*	Die Royal Society
	A. J. A. Roux, Südafrikanische Union	Probleme der wissenschaftlichen Forschung in der Südafrikanischen Union
53	*Georg Schnadel, Hamburg*	Forschungsaufgaben zur Untersuchung der Festigkeitsprobleme im Schiffbau
	Wilhelm Sturtzel, Duisburg	Forschungsaufgaben zur Untersuchung der Widerstandsprobleme im See- und Binnenschiffbau
53a	*Giovanni Lampariello, Rom*	Von Galilei zu Einstein
54	*Walter Dieminger, Lindau/Harz*	Ionosphäre und drahtloser Weitverkehr
54a	*John Cockcroft, Cambridge*	Die friedliche Anwendung der Atomenergie
55	*Fritz Schultz-Grunow, Aachen*	Kriechen und Fließen hochzäher und plastischer Stoffe
	Hans Ebner, Aachen	Wege und Ziele der Festigkeitsforschung, insbesondere im Hinblick auf den Leichtbau
56	*Ernst Derra, Düsseldorf*	Der Entwicklungsstand der Herzchirurgie
	Gunther Lehmann, Dortmund	Muskelarbeit und Muskelermüdung in Theorie und Praxis
57	*Theodor von Kármán †, Pasadena*	Freiheit und Organisation in der Luftfahrtforschung
	Leo Brandt, Düsseldorf	Bericht über den Wiederbeginn deutscher Luftfahrtforschung
58	*Fritz Schröter, Ulm*	Neue Forschungs- und Entwicklungsrichtungen im Fernsehen
	Albert Narath, Berlin	Der gegenwärtige Stand der Filmtechnik
59	*Richard Courant, New York*	Die Bedeutung der modernen mathematischen Rechenmaschinen für mathematische Probleme der Hydrodynamik und Reaktortechnik
	Ernst Peschl, Bonn	Die Rolle der komplexen Zahlen in der Mathematik und die Bedeutung der komplexen Analysis
60	*Wolfgang Flaig, Braunschweig*	Zur Grundlagenforschung auf dem Gebiet des Humus und der Bodenfruchtbarkeit
	Eduard Mückenhausen, Bonn	Typologische Bodenentwicklung und Bodenfruchtbarkeit
61	*Walter Georgii, München*	Aerophysikalische Flugforschung
	Klaus Oswatitsch, Aachen	Gelöste und ungelöste Probleme der Gasdynamik
62	*Adolf Butenandt, München*	Über die Analyse der Erbfaktorenwirkung und ihre Bedeutung für biochemische Fragestellungen
63	*Oskar Morgenstern, Princeton*	Der theoretische Unterbau der Wirtschaftspolitik
64	*Bernhard Rensch, Münster*	Die stammesgeschichtliche Sonderstellung des Menschen
65	*Wilhelm Tönnis, Köln*	Die neuzeitliche Behandlung frischer Schädelhirnverletzungen
65a	*Siegfried Strugger †, Münster*	Die elektronenmikroskopische Darstellung der Feinstruktur des Protoplasmas mit Hilfe der Uranylmethode und die zukünftige Bedeutung dieser Methode für die Erforschung der Strahlenwirkung
66	*Wilhelm Fucks, Gerd Schumacher und Andreas Scheidweiler, Aachen*	Bildliche Darstellung der Verteilung und der Bewegung von radioaktiven Substanzen im Raum, insbesondere von biologischen Objekten (Physikalischer Teil)
	Hugo Wilhelm Knipping und Erich Liese, Köln	Bildgebung von Radioisotopenelementen im Raum bei bewegten Objekten (Herz, Lungen etc.) (Medizinischer Teil)
67	*Friedrich Paneth †, Mainz*	Die Bedeutung der Isotopenforschung für geochemische und kosmochemische Probleme
	J. Hans D. Jensen und H. A. Weidenmüller, Heidelberg	Die Nichterhaltung der Parität
67a	*Francis Perrin, Paris*	Die Verwendung der Atomenergie für industrielle Zwecke
68	*Hans Lorenz, Berlin*	Forschungsergebnisse auf dem Gebiete der Bodenmechanik als Wegbereiter für neue Gründungsverfahren
	Georg Garbotz, Aachen	Die Bedeutung der Baumaschinen- und Baubetriebsforschung für die Praxis

69	*Maurice Roy, Chatillon*	Luftfahrtforschung in Frankreich und ihre Perspektiven im Rahmen Europas
	Alexander Naumann, Aachen	Methoden und Ergebnisse der Windkanalforschung
69a	*Harry W. Melville, London*	Die Anwendung von radioaktiven Isotopen und hoher Energiestrahlung in der polymeren Chemie
70	*Eduard Justi, Braunschweig*	Elektrothermische Kühlung und Heizung. Grundlagen und Möglichkeiten
	Richard Vieweg, Braunschweig	Maß und Messen in Geschichte und Gegenwart
71	*Fritz Baade, Kiel*	Gesamtdeutschland und die Integration Europas
	Günther Schmölders, Köln	Ökonomische Verhaltensforschung
72	*Rudolf Wille, Berlin*	Modellvorstellungen zum Übergang Laminar-Turbulent
	Josef Meixner, Aachen	Neuere Entwicklung der Thermodynamik
73	*Ake Gustafsson, Diter v. Wettstein und Lars Ehrenberg, Stockholm*	Mutationsforschung und Züchtung
	Joseph Straub, Köln	Mutationsauslösung durch ionisierende Strahlung
74	*Martin Kersten, Aachen*	Neuere Versuche zur physikalischen Deutung technischer Magnetisierungsvorgänge
	Günther Leibfried, Aachen	Zur Theorie idealer Kristalle
75	*Wilhelm Klemm, Münster*	Neue Wertigkeitsstufen bei den Übergangselementen
	Helmut Zahn, Aachen	Die Wollforschung in Chemie und Physik von heute
76	*Henri Cartan, Paris*	Nicolas Bourbaki und die heutige Mathematik
76a	*Harald Cramér, Stockholm*	Aus der neueren mathematischen Wahrscheinlichkeitslehre
77	*Georg Melchers, Tübingen*	Die Bedeutung der Virusforschung für die moderne Genetik
	Alfred Kühn, Tübingen	Über die Wirkungsweise von Erbfaktoren
78	*Fréderic Ludwig, Paris*	Experimentelle Studien über die Distanzeffekte in bestrahlten vielzelligen Organismen
	A. H. W. Aten jr., Amsterdam	Die Anwendung radioaktiver Isotope in der chemischen Forschung
79	*Hans Herloff Inhoffen und Wilhelm Bartmann, Braunschweig*	Chemische Übergänge von Gallensäuren in cancerogene Stoffe und ihre möglichen Beziehungen zum Krebsproblem
	Rolf Danneel, Bonn	Entstehung, Funktion und Feinbau der Mitochondrien
80	*Max Born, Bad Pyrmont*	Der Realitätsbegriff in der Physik
81	*Joachim Wüstenberg, Gelsenkrichen*	Der gegenwärtige ärztliche Standpunkt zum Problem der Beeinflussung der Gesundheit durch Luftverunreinigungen
82	*Paul Schmidt, München*	Periodisch wiederholte Zündungen durch Stoßwellen
83	*Walter Kikuth, Düsseldorf*	Die Infektionskrankheiten im Spiegel historischer und neuzeitlicher Betrachtungen
84	*F. Rudolf Jung †, Aachen*	Die geodätische Erschließung Kanadas durch elektronische Entfernungsmessung
84a	*Hans-Ernst Schwiete, Aachen*	Ein zweites Steinzeitalter? – Gesteinshüttenkunde früher und heute
85	*Horst Rothe, Karlsruhe*	Der Molekularverstärker und seine Anwendung
	Roland Lindner, Göteborg	Atomkernforschung und Chemie, aktuelle Probleme
86	*Paul Denzel, Aachen*	Technische und wirtschaftliche Probleme der Energieumwandlung und -fortleitung
87	*Jean Capelle, Lyon*	Der Stand der Ingenieurausbildung in Frankreich
88	*Friedrich Panse, Düsseldorf*	Klinische Psychologie, ein psychiatrisches Bedürfnis
	Heinrich Kraut, Dortmund	Über die Deckung des Nährstoffbedarfs in Westdeutschland
89	*Wilhelm Bischof, Dortmund*	Materialprüfung – Praxis und Wissenschaft
90	*Edgar Rößger, Berlin*	Zur Analyse der auf angebotene tkm umgerechneten Verkehrsaufwendungen und Verkehrserträge im Luftverkehr
	Günther Ulbricht, Oberpfaffenhofen (Obb.)	Die Funknavigationsverfahren und ihre physikalischen Grenzen
91	*Franz Wever, Düsseldorf*	Das Schwert in Mythos und Handwerk
	Ernst Hermann Schulz, Dortmund	Über die Ergebnisse neuerer metallkundlicher Untersuchungen alter Eisenfunde und ihre Bedeutung für die Technik und die Archäologie

92	*Hermann Schenck, Aachen*	Wertung und Nutzung der wissenschaftlichen Arbeit am Beispiel des Eisenhüttenwesens
93	*Oskar Löbl, Essen*	Streitfragen bei der Kostenberechnung des Atomstroms
	Frederic de Hoffmann, San Diego (USA)	Ein neuer Weg zur Kostensenkung des Atomstroms. Das amerikanische Hochtemperaturprojekt (NTGR)
	Rudolf Schulten, Mannheim	Die Entwicklung des Hochtemperaturreaktors
94	*Gunther Lehmann, Dortmund*	Die Einwirkung des Lärms auf den Menschen
	Franz Josef Meister, Düsseldorf	Geräuschmessungen an Verkehrsflugzeugen und ihre hörpsychologische Bewertung
95	*Pierre Piganiol, Paris*	Probleme der Organisation der wissenschaftlichen Forschung
	Gaston Berger †, Paris	Die Akzeleration der Geschichte und ihre Folgen für die Erziehung
96	*Herwart Opitz, Aachen*	Technische und wirtschaftliche Aspekte der Automatisierung
	Joseph Mathieu, Aachen	Arbeitswissenschaftliche Aspekte der Automatisierung
97	*Stephan Prager, Düsseldorf*	Das deutsche Luftbildwesen
	Hugo Kasper, Heerbrugg (Schweiz)	Die Technik des Luftbildwesens
98	*Karl Oberdisse, Düsseldorf*	Aktuelle Probleme der Diabetesforschung
	H. D. Cremer, Gießen	Neue Gesichtspunkte zur Vitaminversorgung
99	*Hans Schwippert, Düsseldorf*	Über das Haus der Wissenschaften und die Arbeit des Architekten von heute
	Volker Aschoff, Aachen	Über die Planung großer Hörsäle
100	*Raymond Cheradame, Paris*	Aufgaben und Probleme des Instituts für Kohleforschung in Frankreich – Anforderungen an den wissenschaftlichen Nachwuchs in der Forschung und seine Ausbildung
	Marc Allard, † St. Germain-en-Laye	Das Institut für Eisenforschung in Frankreich und seine Probleme in der Eisenforschung
101	*Reimar Pohlman, Aachen*	Die neuesten Ergebnisse der Ultraschallforschung in Anwendung und Ausblick auf die moderne Technik
	E. Ahrens, Kiel	Schall und Ultraschall in der Unterwassernachrichtentechnik
102	*Heinrich Hertel, Berlin*	Grundlagenforschung für Entwurf und Konstruktion von Flugzeugen
103	*Franz Ollendorff, Haifa*	Technische Erziehung in Israel
104	*Hans Ferdinand Mayer, München*	Interkontinentale Nachrichtenübertragung mittels moderner Tiefseekabel und Satellitenverbindungen
105	*Wilhelm Krelle, Bonn*	Gelöste und ungelöste Probleme der Unternehmensforschung
	Horst Albach, Bonn	Produktionsplanung auf der Grundlage technischer Verbrauchsfunktionen
106	*Lord Hailsham, London*	Staat und Wissenschaft in einer freien Gesellschaft
107	*Richard Courant, New York; Frederic de Hoffmann, San Diego; Charles King Campbell, New York; John W. Tuthill, Paris*	Forschung und Industrie in den USA – ihre internationale Verflechtung
108	*André Voisin, Frankreich*	Über die Verbindung der Gesundheit des modernen Menschen mit der Gesundheit des Bodens
	Hans Braun, Bonn	Standort und Pflanzengesundheit
109	*Alfred Neuhaus, Bonn*	Höchstdruck-Hochtemperatur-Synthesen, ihre Methoden und Ergebnisse
	Rudolf Tschesche, Bonn	Chemie und Genetik
110	*Uichi Hashimoto, Tokyo*	Ein geschichtlicher Rückblick auf die Erziehung und die wissenschaftstechnische Forschung in Japan von der Meiji-Restauration bis zur Gegenwart
111	*Basil Schonland, Harwell*	Einige Gesichtspunkte über die friedlichen Verwendungsmöglichkeiten der Atomenergie

112	*Wilhelm Fucks, Aachen*	Über Arbeiten zur Hydromagnetik elektrisch leitender Flüssigkeiten, über Verdichtungsstöße und aus der Hochtemperaturplasmaphysik
	Hermann L. Jordan, Jülich	Erzeugung von Plasma hoher Temperatur durch magnetische Kompression
113	*Friedrich Becker, Bonn*	Vier Jahre Radioastronomie an der Universität Bonn
	Werner Ruppel, Rolandseck	Große Richtantennen
114	*Bernhard Rensch, Münster*	Gedächtnis, Abstraktion und Generalisation bei Tieren
115	*Hermann Flohn, Bonn*	Klimaschwankungen und großräumige Klimabeeinflussung
116	*Georg Hugel, Ville-D'Array*	Über Petrolchemie
117	*August Wilhelm Quick, Aachen*	Komponenten der Raumfahrt
	Georg Emil Knausenberger, Oberpfaffenhofen	Steuerung und Regelung in der Raumfahrttechnik
118	*Karl Steinbuch, Karlsruhe*	Über Kybernetik
	Wolf-Dieter Keidel, Erlangen	Kybernetische Systeme des menschlichen Organismus
119	*Walter Kikuth, Düsseldorf*	Die biologische Wirkung von staub- und gasförmigen Immissionen
	Franz Grosse-Brockhoff, Düsseldorf	Die Technik im Dienste moderner kardiologischer Diagnostik
120	*Milton Burton, Notre Dame, Ind., USA*	Energie-„Dissipation" in der Strahlenchemie
	GüntherO.Schenck,Mülheim(Ruhr)	Mehrzentren-Termination
121	*Fritz Micheel, Münster*	Synthese von Polysacchariden
	Paul F. Pelshenke, Detmold	Neuere Ergebnisse der Getreide- und Brotforschung
122	*Karl Steimel, Frankfurt (Main)*	Der Standort der Industrieforschung in Forschung und Technik
	Fritz Machlup, Princeton (USA)	Die Produktivität der naturwissenschaftlichen und technischen Forschung und Entwicklung
123	*Wassily Leontief, Cambridge (USA)*	Die multiregionale Input-Output-Analyse
	Rolf Wagenführ, Brüssel	Die multiregionale Input-Output-Analyse im Rahmen der EWG: Statistisch-methodologische Probleme
124	*Otto Robert Frisch, Cambridge (England)*	Die Elementarteilchen der Physik
	Wilhelm Fucks, Aachen	Mathematische Analyse von Formalstrukturen von Werken der Musik
125	*Max Delbrück, Köln-Pasadena (USA)*	Über Vererbungschemie
126	*Helmut Winterhager, Aachen*	Vakuum-Metallurgie auf dem Gebiet der Nichteisen-Metalle
	Rudolf Spolders, Essen	Anwendung der Vakuumbehandlung bei der Stahlerzeugung
127	*Werner Nestel, Ulm (Donau)*	Grenzen und Aussichten des Nachrichtenverkehrs
	Wolfgang Haack, Berlin	Beobachtung des Luftraumes durch automatische Verarbeitung der Informationen von Rundsichtgeräten mittels digitaler Rechenautomaten
128	*Martin Schmeisser, Aachen*	Neue Ergebnisse der Halogen-Chemie
	Karl Ziegler, Mülheim-Ruhr	Aus den neueren Arbeiten des Max-Planck-Instituts für Kohlenforschung, Mülheim-Ruhr
129	*Roger Makins, London*	Die Atomenergie im Vereinigten Königreich
	John Cockcroft, London	Die wissenschaftlichen und technischen Leistungen von Hochfluß-Forschungsreaktoren
130	*Stefan Meiring Naudé, Pretoria (Südafrika)*	Der Südafrikanische Forschungsrat für Wissenschaft und Industrie
131	*William P. Allis, Paris*	Langfristige Planung und Aufgaben der Atlantischen Zusammenarbeit auf verschiedenen Gebieten in Naturwissenschaft und Technik

132	*August-Wilhelm Quick, Aachen*	Die Bedeutung eines deutschen Beitrages zur Weltraumfahrt
133	*Jean Dieudonné, Paris*	Die Lieschen Gruppen in der modernen Mathematik
	Claus Müller, Aachen	Mathematische Probleme der modernen Wellenoptik
134	*Louis Bugnard, Paris*	Aufbau und Aufgaben des Institut National d'Hygiène, Paris, im Dienst der medizinischen Forschung
135	*Fritz Burgbacher, Köln*	Die Energiesituation in der Bundesrepublik und die Zukunftsaussichten der Kohle
	Willy Oehel, Dortmund	Der Wandel in der Stahlerzeugung und die Auswirkungen auf die Wirtschaft unseres Landes
136	*George McGhee, Bad Godesberg*	Natürliche Hilfsquellen der Welt: Die Situation heute und in der Zukunft The World's Natural Resources Position: Present and Future
137	*Heinrich Mandel, Essen*	Die Entwicklung der Stromerzeugungsmöglichkeiten und das unternehmerische Wagnis der Elektrizitätswirtschaft
138	*Volker Aschoff, Aachen*	Über das räumliche Hören
	Jürgen Aschoff, Erling-Andechs	Biologische Periodik als selbsterregte Schwingung
139	*Pierre Auger, Paris*	Die wissenschaftliche Forschung als internationale Aufgabe
	Eugen M. Knoernschild, Porz-Wahn (Rhld.)	Die Bedeutung der Plasma-Antriebe in der Raumfahrt
140	*Heinrich Niehaus, Bonn*	Aktuelle Fragen der Agrarpolitik im Rahmen der europäischen Integration
	Joseph Straub, Köln-Vogelsang	Probleme der Pflanzenzüchtung im neuen Europa
141	*Pierre Jacquinot, Paris*	Das Centre National de la Recherche Scientifique
	André Maréchal, Paris	Organisation und Politik der wissenschaftlichen Forschung in Frankreich
142	*Rudolf Hillebrecht, Hannover*	Die Auswirkungen des wirtschaftlichen und sozialen Strukturwandels auf den Städtebau
	Friedrich Tamms, Düsseldorf	Städtebau und Verkehr
143	*Otto Bayer, Leverkusen*	Die Rolle des Zufalls in der organischen Chemie
144	*Gunther Lehmann, Dortmund*	Die Arbeitsfähigkeit des Menschen im tropischen Klima
	Helmut J. Jusatz, Heidelberg	Die Bedeutung der Seuchenlage für die Entwicklung der Tropenländer
145	*Robert Gardellini, Paris*	Produktivität und französische Wirtschaft
	Hans H. Moll, Essen	Unterschiede in der Produktivität der Industrie-Wirtschaften in den verschiedenen Ländern und ihre Auswirkungen in den Volkswirtschaften aus der Sicht des Ingenieurs
146	*Heinz Goeschel, Erlangen*	Neue Entwicklungslinien in der Starkstromtechnik
147	*Edward Teller, Livermore (Californien)*	Die Situation der modernen Physik
148	*Julien Warter, Straßburg*	Reanimation verschiedener Krankheiten des Nervensystems
	Wilhelm Künzer, Freiburg i. Br.	Zur Physiologie der Blutgerinnung bei Neugeborenen
149	*Herbert Döring, Aachen*	Theorie und Anwendung des Lasers
150	*Ewald Wicke, Münster*	Die Ursachen der vielfältigen Lösungseigenschaften des Wassers
	Wilhelm Klemm, Münster	Aus einer Forschungsstätte der Anorganischen Chemie — Ergebnisse aus dem Anorganisch-Chemischen Institut der Universität Münster
151	*Otto Lutz, Braunschweig*	Probleme der Luft- und Raumfahrtantriebe
	Fritz A. F. Schmidt, Aachen	Energieumwandlung im Hochtemperaturgebiet bei Hochleistungstriebwerken und Raketen
152	*Heinz Unger, Bonn*	Elektronische Datenverarbeitungsanlagen und Automatentheorie
153	*Victor F. Weisskopf, Genf*	Die Zukunft der Elementarteilchenforschung
	Willibald Jentschke, Hamburg	Das Deutsche Elektronen-Synchrotron (DESY). Eigenschaften und Forschungsmöglichkeiten

154	*Karl Bungardt, Clausthal-Krefeld*	Entwicklung von Hochtemperaturlegierungen auf Kobalt- und Nickelbasis
	Franz Bollenrath, Aachen	Über Niobium, die Entwicklung und Anwendung von Nioblegierungen
155	*Carl Heinrich Dencker, Bonn*	Grenzen der Mechanisierung der Landwirtschaft
	Hans Georg Kmoch, Bonn	Die Entwicklung der Futterproduktion in den Savannengebieten Afrikas
156	*Karl Kaup, Düsseldorf*	Wandlungen in der Eisenerzversorgung der Nachkriegszeit
	Hermann Schenck, Aachen	Gegenwärtige Forschungs- und Entwicklungsaufgaben der Eisen- und Stahlerzeugung
157	*Henri Cartan, Paris*	Über den Vorbereitungssatz von Weierstraß
	Friedrich Hirzebruch, Bonn	Elliptische Differentialoperatoren auf Mannigfaltigkeiten
158	*Giuseppe Gabrielli, Turin*	Aussichten der europäischen Flugzeugproduktion
	Karl Thalau, München	Entwicklung der Festigkeitsrechnung und Festigkeitsversuche im Flugzeugbau seit 1925
159	*Dorothy Crowfoot-Hodgkin, Oxford*	Die Röntgen-Strukturanalyse einiger biochemisch interessanter Moleküle
160	*Georg Wittig, Heidelberg*	Über at-Komplexe als reaktionslenkende Zwischenprodukte
	Ernst Klenk, Köln	Über die Chemie und Biologie der Ganglioside
161	*Maximilian Steiner, Bonn*	Flüchtige Amine in Pflanzen
	Helmut Zahn, Aachen	Über Insulin

AGF-G *Heft Nr.*		GEISTESWISSENSCHAFTEN
1	*Werner Richter †, Bonn*	Von der Bedeutung der Geisteswissenschaften für die Bildung unserer Zeit
	Joachim Ritter, Münster	Die Lehre vom Ursprung und Sinn der Theorie bei Aristoteles
2	*Josef Kroll, Köln*	Elysium
	Günther Jachmann, Köln	Die vierte Ekloge Vergils
3	*Hans Erich Stier, Münster*	Die klassische Demokratie
4	*Werner Caskel, Köln*	Lihyan und Lihyanisch. Sprache und Kultur eines früharabischen Königreiches
5	*Thomas Ohm †, Münster*	Stammesreligionen im südlichen Tanganjika-Territorium
6	*Georg Schreiber †, Münster*	Deutsche Wissenschaftspolitik von Bismarck bis zum Atomwissenschaftler Otto Hahn
7	*Walter Holtzmann †, Bonn*	Das mittelalterliche Imperium und die werdenden Nationen
8	*Werner Caskel, Köln*	Die Bedeutung der Beduinen in der Geschichte der Araber
9	*Georg Schreiber †, Münster*	Irland im deutschen und abendländischen Sakralraum
10	*Peter Rassow †, Köln*	Forschungen zur Reichs-Idee im 16. und 17. Jahrhundert
11	*Hans Erich Stier, Münster*	Roms Aufstieg zur Weltmacht und die griechische Welt
12	*Karl Heinrich Rengstorf, Münster*	Mann und Frau im Urchristentum
	Hermann Conrad, Bonn	Grundprobleme einer Reform des Familienrechtes
13	*Max Braubach, Bonn*	Der Weg zum 20. Juli 1944. Ein Forschungsbericht
15	*Franz Steinbach †, Bonn*	Der geschichtliche Weg des wirtschaftenden Menschen in die soziale Freiheit und politische Verantwortung
16	*Josef Koch, Köln*	Die Ars coniecturalis des Nikolaus von Kues
17	*James B. Conant, USA*	Staatsbürger und Wissenschaftler
	Karl Heinrich Rengstorf, Münster	Antike und Christentum
19	*Fritz Schak, Köln*	Das Lächerliche in der französischen Literatur des Ancien Régime
20	*Ludwig Raiser, Tübingen*	Rechtsfragen der Mitbestimmung
21	*Martin Noth, Bonn*	Das Geschichtsverständnis der alttestamentlichen Apokalyptik
22	*Walter F. Schirmer, Bonn*	Glück und Ende der Könige in Shakespeares Historien
23	*Günther Jachmann, Köln*	Der homerische Schiffskatalog und die Ilias (erschienen als wissenschaftliche Abhandlung)
24	*Theodor Klauser, Bonn*	Die römische Petrustradition im Lichte der neuen Ausgrabungen unter der Peterskirche
25	*Hans Peers, Köln*	Die Gewaltentrennung in moderner Sicht
28	*Thomas Ohm, O.S.B.†, Münser*	Die Religionen in Asien
29	*Johann Leo Weisgerber, Bonn*	Die Ordnung der Sprache im persönlichen und öffentlichen Leben
30	*Werner Caske, Köln*	Entdeckungen in Arabien
31	*Max Brauach, Bonn*	Landesgeschichtliche Bestrebungen und historische Vereine im Rheinland
32	*Fritz Schalk, Köln*	Somnium und verwandte Wörter in den romanischen Sprachen
33	*Friedrich Dessauer, Frankfur*	Reflexionen über Erbe und Zukunft des Abendlandes
34	*Thomas Ohm, O.S.B.†, Münser*	Ruhe und Frömmigkeit. Ein Beitrag zur Lehre von der Missionsmethode
35	*Hermann Conrad, Bonn*	Die mittelalterliche Besiedlung des deutschen Ostens und das Deutsche Recht
36	*Hans Sckommodau, Kön*	Die religiösen Dichtungen Margaretes von Navarra
37	*Herbert von Einem, Bonn*	Der Mainzer Kopf mit der Binde
38	*Joseph Höffner, Münser*	Statik und Dynamik in der scholastischen Wirtschaftsethik
39	*Friz Schalk, Kön*	Diderots Essai über Claudius und Nero
40	*Gerhard Kegel, Köln*	Probleme des internationalen Enteignungs- und Währungsrechts
41	*Johann Leo Weisgerber, Bonn*	Die Grenzen der Schrift – Der Kern der Rechtschreibreform
43	*Theodor Schieder, Köln*	Die Probleme des Rapallo-Vertrags. Eine Studie über die deutsch-russischen Beziehungen 1922–1926
44	*Andreas Rump, Köln*	Stilphasen der spätantiken Kunst

45	*Ulrich Luck, Münster*	Kerygma und Tradition in der Hermeneutik Adolf Schlatters
46	*Walter Holtzmann †, Bonn*	Das deutsche historische Institut in Rom
	Graf Wolff Metternich, Rom	Die Bibliotheca Hertziana und der Palazzo Zuccari zu Rom
47	*Harry Westermann, Münster*	Person und Persönlichkeit als Wert im Zivilrecht
49	*Friedrich Karl Schumann †, Münster*	Mythos und Technik
52	*Hans J. Wolff, Münster*	Die Rechtsgestalt der Universität
53	*Josef Pieper, Münster*	Über den Philosophie-Begriff Platons
54	*Max Braubach, Bonn*	Der Einmarsch deutscher Truppen in die entmilitarisierte Zone am Rhein im März 1936. Ein Beitrag zur Vorgeschichte des zweiten Weltkrieges
55	*Herbert von Einem, Bonn*	Die „Menschwerdung Christi" des Isenheimer Altares
56	*Ernst Joseph Cohn, London*	Der englische Gerichtstag
57	*Albert Woopen, Aachen*	Die Zivilehe und der Grundsatz der Unauflöslichkeit der Ehe in der Entwicklung des italienischen Zivilrechts
58	*Parl Kerényi, Ascona*	Die Herkunft der Dionysosreligion nach dem heutigen Stand der Forschung
59	*Herbert Jankuhn, Göttingen*	Die Ausgrabungen in Haithabu und ihre Bedeutung für die Handelsgeschichte des frühen Mittelalters
60	*Stephan Skalweit, Bonn*	Edmund Burke und Frankreich
62	*Anton Moortgat, Berlin*	Archäologische Forschungen der Max-Freiherr-von-Oppenheim-Stiftung im nördlichen Mesopotamien 1955
63	*Joachim Ritter, Münster*	Hegel und die französische Revolution
66	*Werner Conze, Heidelberg*	Die Strukturgeschichte des technisch-industriellen Zeitalters als Aufgabe für Forschung und Unterricht
67	*Gerhard Hess, Bad Godesberg*	Zur Entstehung der „Maximen" La Rochefoucaulds
69	*Ernst Langlotz, Bonn*	Der triumphierende Perseus
70	*Geo Widengren, Uppsala*	Iranisch-semitische Kulturbegegnung in parthischer Zeit
71	*Josef M. Wintrich †, Karlsruhe*	Zur Problematik der Grundrechte
72	*Josef Pieper, Münster*	Über den Begriff der Tradition
73	*Walter F. Schirmer, Bonn*	Die frühen Darstellungen des Arthurstoffes
74	*William Lloyd Prosser, Berkeley*	Kausalzusammenhang und Fahrlässigkeit
75	*Johann Leo Weisgerber, Bonn*	Verschiebung in der sprachlichen Einschätzung von Menschen und Sachen (erschienen als wissenschaftliche Abhandlung)
76	*Walter H. Bruford, Cambridge*	Fürstin Gallitzin und Goethe. Das Selbstvervollkommnungsideal und seine Grenze
77	*Hermann Conrad, Bonn*	Die geistigen Grundlagen des Allgemeinen Landrechts für die preußischen Staaten von 1794
78	*Herbert von Einem, Bonn*	Asmus Jacob Carsten, Die Nacht mit ihren Kindern
79	*Paul Gieseke, Bad Godesberg*	Eigentum und Grundwasser
80	*Werner Richter †, Bonn*	Wissenschaft und Geist in der Weimarer Republik
81	*Joh. Leo Weisgerber, Bonn*	Sprachenrecht und europäische Einheit
82	*Otto Kirchheimer, New York*	Gegenwartsprobleme der Asylgewährung
83	*Alexander Knur, Bad Godesberg*	Probleme der Zugewinngemeinschaft
84	*Helmut Coing, Frankfurt*	Die juristischen Auslegungsmethoden und die Lehren der allgemeinen Hermeneutik
85	*André George, Paris*	Der Humanismus und die Krise der Welt von heute
86	*Harald von Petrikovits, Bonn*	Das römische Rheinland. Archäologische Forschungen seit 1945
87	*Franz Steinbach †, Bonn*	Ursprung und Wesen der Landgemeinde nach rheinischen Quellen
88	*Jost Trier, Münster*	Versuch über Flußnamen
89	*C. R. van Paassen, Amsterdam*	Platon in den Augen der Zeitgenossen
90	*Pietro Quaroni, Rom*	Die kulturelle Sendung Italiens
91	*Theodor Klauser, Bonn*	Christlicher Märtyrerkult, heidnischer Heroenkult und spätjüdische Heiligenverehrung
92	*Herbert von Einem, Bonn*	Karl V. und Tizian
93	*Friedrich Merzbacher, München*	Die Bischofsstadt

94	*Martin Noth, Bonn*	Die Ursprünge des alten Israel im Licht neuer Quellen
95	*Hermann Conrad, Bonn*	Rechtsstaatliche Bestrebungen im Absolutismus Preußens und Österreichs am Ende des 18. Jahrhunderts
96	*Helmut Schelsky, Münster*	Der Mensch in der wissenschaftlichen Zivilisation
97	*Joseph Höffner, Münster*	Industrielle Revolution und religiöse Krise. Schwund und Wandel des religiösen Verhaltens in der modernen Gesellschaft
98	*James Boyd, Oxford*	Goethe und Shakespeare
99	*Herbert von Einem, Bonn*	Das Abendmahl des Leonardo da Vinci
100	*Ferdinand Elsener, Tübingen*	Notare und Stadtschreiber. Zur Geschichte des schweizerischen Notariats
101	*Ivor Jennings, Cambridge (England)*	Die Umwandlung von Geschichte in Gesetz
102	*Ahasver v. Brandt, Lübeck*	Die Hanse und die nordischen Mächte im Mittelalter
103	*Gerhard Kegel, Köln*	Die Grenze von Qualifikation und Renvoi im internationalen Verjährungsrecht
104	*Heinz-Dietrich Wendland, Münster*	Der Begriff Christlich-sozial. Seine geschichtliche und theologische Problematik
105	*Joh. Leo Weisgerber, Bonn*	Grundformen sprachlicher Weltgestaltung
106	*Herbert von Einem, Bonn*	Das Stützengeschoß der Pisaner Domkanzel. Gedanken zum Alterswerk des Giovanni Pisano
107	*Kurt Weitzmann, Princeton (USA)*	Geistige Grundlagen und Wesen der Makedonischen Renaissance
108	*Max Horkheimer, Frankfurt (Main)*	Über das Vorurteil
109	*Hans Peters, Köln*	Das Recht auf die freie Entfaltung der Persönlichkeit in der höchstrichterlichen Rechtsprechung
110	*Edward Fellowes, London*	Die Kontrolle der Exekutive durch das britische Unterhaus
111	*Ludwig Raiser, Tübingen*	Die Aufgaben des Wissenschaftsrates
112	*Mario Montanari, Imola/Bologna (Italien)*	Die geistigen Grundlagen des Risorgimento
113	*Josef Pieper, Münster*	Über das Phänomen des Festes
114	*Werner Caskel, Köln*	Der Felsendom und die Wallfahrt nach Jerusalem
115	*Hubert Jedin, Bonn*	Strukturprobleme der Ökumenischen Konzilien
116	*Gerhard Hess, Bad Godesberg*	Die Förderung der Forschung und die Geisteswissenschaften
117	*Ludwig Voelkl, Rom*	Die Kirchenstiftungen des Kaisers Konstantin im Lichte des römischen Sakralrechts
118	*Walther Hubatsch, Bonn und Percy Ernst Schramm, Göttingen*	Die deutsche militärische Führung in der Kriegswende (Das Kulminationsjahr 1943 – Das Ende des Krieges)
119	*Theodor Schieder, Köln*	Der Nationalstaat in Europa als historisches Phänomen
120	*Eleanor von Erdberg-Consten, Aachen*	Kunst und Religion in Indien, China und Japan
121	*Jean Daniélou, Paris*	Das Judenchristentum und die Anfänge der Kirche
122	*Franz Wieacker, Göttingen*	Zum heutigen Stand der Naturrechtsdiskussion
123	*Bernhard Kötting, Münster (Westf.)*	Der frühchristliche Reliquienkult und die Bestattung im Kirchengebäude
124	*Günther Stökl, Köln*	Das Bild des Abendlandes in den altrussischen Chroniken
125	*Joseph Höffner Münster (Westf.)*	Selbstverständnis und Perspektiven des Zweiten Vatikanischen Konzils
126	*Jost Trier Münster (Westf.)*	Wortgeschichten aus alten Gemeinden
127	*Herbert Dieckmann, Cambridge, Mass.*	Die künstlerische Form des Rêve de D'Alembert
128	*Hans Welzel, Bonn*	An den Grenzen des Rechts. Die Frage nach der Rechtsgeltung
129	*Paul Mikat, Düsseldorf*	Das Verhältnis von Kirche und Staat im Lande Nordrhein-Westfalen in Geschichte und Gegenwart
130	*Ernst Langlotz, Bonn*	Die kulturelle und künstlerische Hellenisierung der Küsten des Mittelmeers durch die Stadt Phokaia

131	*Harry Westermann, Münster*	Das Verhältnis zwischen Bergbau und öffentlichen Verkehrsanstalten als Gegenstand richterlicher und gesetzgeberischer Bewertung
133	*Tilemann Grimm, Bochum*	China und Südostasien in Geschichte und Gegenwart

AGF-WA Band Nr.		WISSENSCHAFTLICHE ABHANDLUNGEN
1	*Wolfgang Priester, Hans-Gerhard Bennewitz und Peter Lengrüßer, Bonn*	Radiobeobachtungen des ersten künstlichen Erdsatelliten
2	*Joh. Leo Weisgerber, Bonn*	Verschiebungen in der sprachlichen Einschätzung von Menschen und Sachen
3	*Erich Meuthen, Marburg*	Die letzten Jahre des Nikolaus von Kues
4	*Hans-Georg Kirchhoff, Rommerskirchen*	Die staatliche Sozialpolitik im Ruhrbergbau 1871–1914
5	*Günther Jachmann, Köln*	Der homerische Schiffskatalog und die Ilias
6	*Peter Hartmann, Münster*	Das Wort als Name (Struktur, Konstitution und Leistung, der benennenden Bestimmung)
7	*Anton Moortgat, Berlin*	Archäologische Forschungen der Max-Freiherr-von-Oppenheim-Stiftung im nördlichen Mesopotamien 1956
8	*Wolfgang Priester und Gerhard Hergenhahn, Bonn*	Bahnbestimmung von Erdsatelliten aus Doppler-Effekt-Messungen
9	*Harry Westermann, Münster*	Welche gesetzlichen Maßnahmen zur Luftreinhaltung und zur Verbesserung des Nachbarrechts sind erforderlich?
10	*Hermann Conrad und Gerd Kleinheyer, Bonn*	Carl Gottlieb Svarez (1746–1798) – Vorträge über Recht und Staat
11	*Georg Schreiber †, Mümster*	Die Wochentage im Erlebnis der Ostkirche und des christlichen Abendlandes
12	*Günther Bandmann, Bonn*	Melancholie und Musik. Ikonographische Studien
13	*Wilhelm Goerdt, Münster*	Fragen der Philosophie. Ein Materialbeitrag zur Erforschung der Sowjetphilosophie im Spiegel der Zeitschrift „Voprosy Filosofii" 1947–1956
14	*Anton Moortgat, Berlin*	Tell Chuēra in Nordost-Syrien. Vorläufiger Bericht über die Grabung 1958
15	*Gerd Dicke, Krefeld*	Der Identitätsgedanke bei Feuerbach und Marx
16a	*Helmut Gipper, Bonn, und Hans Schwarz, Münster*	Bibliographisches Handbuch zur Sprachinhaltsforschung, Teil I (Erscheint in Lieferungen)
17	*Thea Buyken, Bonn*	Das römische Recht in den Constitutionen von Melfi
18	*Lee E. Farr, Brookhaven, Hugo Wilhelm Knipping, Köln, und William H. Lewis, New York*	Nuklearmedizin in der Klinik. Symposion in Köln und Jülich unter besonderer Berücksichtigung der Krebs- und Kreislaufkrankheiten
19	*Hans Schwippert, Düsseldorf Volker Aschoff, Aachen, u. a.*	Das Karl-Arnold-Haus. Haus der Wissenschaften der AGF des Landes Nordrhein-Westfalen in Düsseldorf. Planungs- und Bauberichte (Herausgegeben von Leo Brandt, Düsseldorf)
20	*Theodor Schieder, Köln*	Das deutsche Kaiserreich von 1871 als Nationalstaat
21	*Georg Schreiber †, Münster*	Der Bergbau in Geschichte, Ethos und Sakralkultur
22	*Max Braubach, Bonn*	Die Geheimdiplomatie des Prinzen Eugen von Savoyen
23	*Walter F. Schirmer, Bonn, und Ulrich Broich, Göttingen*	Studien zum Literarischen Patronat im England des 12. Jahrhunderts
24	*Anton Moortgat, Berlin*	Tell Chuēra in Nordost-Syrien. Vorläufiger Bericht über die dritte Grabungskampagne 1960
25	*Margarete Newels, Bonn*	Poetica de Aristoteles traducida de latin. Ilustrada y comentada por Juan Pablo Mártir Rizo. (Erste kritische Ausgabe des spanischen Textes.)
26	*Vilho Niitemaa, Turku, Pentti Renvall, Helsinki, Erich Kunze, Helsinki, und Oscar Nikula, Åbo*	Finnland – gestern und heute

27	*Ahasver von Brandt, Heidelberg* *Paul Johansen, Hamburg* *Hans van Werveke, Gent* *Kjell Kumlien, Stockholm* *Hermann Kellenbenz, Köln*	Die Deutsche Hanse als Mittler zwischen Ost und West
28	*Hermann Conrad, Gerd Kleinheyer, Thea Buyken und Martin Herold, Bonn*	Recht und Verfassung des Reiches in der Zeit Maria Theresias. Die Vorträge zum Unterricht des Erzherzogs Joseph im Natur- und Völkerrecht sowie im Deutschen Staats- und Lehnrecht
29	*Erich Dinkler, Heidelberg*	Das Apsismosaik von S. Apollinare in Classe
30	*Hermann Conrad, Bonn* *Walther Hubatsch, Bonn* *Bernhard Stasiewski, Bonn* *Reinhard Wittram, Göttingen* *Ludwig Petry, Mainz und* *Erich Keyser, Marburg/Lahn*	Deutsche Universitäten und Hochschulen im Osten
31	*Anton Moortgat, Berlin*	Tell Chuēra in Nordost-Syrien. Bericht über die vierte Grabungskampagne 1963
32	*Albrecht Dihle, Köln*	Umstrittene Daten. Untersuchungen zum Auftreten der Griechen am Roten Meer
33	*Heinrich Behnke und Klaus Kopfermann (Hsgb.), Münster/Westf.*	Festschrift zur Gedächtnisfeier für Karl Weierstraß 1815–1965

Sonderreihe
PAPYROLOGICA COLONIENSIA

Vol. I *Aloys Kehl*	Der Psalmenkommentar von Tura, Quaternio IX (Pap. Colon. Theol. 1)

SONDERVERÖFFENTLICHUNGEN

18 neue Forschungsstellen im Land Nordrhein-Westfalen, herausgegeben von *Leo Brandt*

Wissenschaft in Not, herausgegeben von *Leo Brandt*

Jahresfeier 1956 der Arbeitsgemeinschaft für Forschung; *Gunther Lehmann*, Dortmund
Arbeit bei hohen Temperaturen, zusammen mit:
Hans Kauffmann, Berlin
Italienische Frührenaissance

Jahresfeier 1960 der Arbeitsgemeinschaft für Forschung; *Theodor Klauser*, Bonn
Christlicher Märtyrerkult, heidnischer Heroenkult und spätjüdische Heiligenverehrung, zusammen mit:
Hermann Schenck, Aachen
Wertung und Nutzen der wissenschaftlichen Arbeit am Beispiel des Eisenhüttenwesens

Aufgaben Deutscher Forschung, zusammengestellt und herausgegeben von *Leo Brandt*
Band 1 Geisteswissenschaften · Band 2 Naturwissenschaften
Band 3 Technik · Band 4 Tabellarische Übersichten zu den Bänden 1-3

Festschrift der Arbeitsgemeinschaft für Forschung des Landes Nordrhein-Westfalen zu Ehren des Herrn Ministerpräsidenten *Karl Arnold* anläßlich des fünfjährigen Bestehens am 5. Mai 1955

Jahrbuch 1963 des Landesamtes für Forschung
Herausgeber: Der Ministerpräsident des Landes Nordrhein-Westfalen — Landesamt für Forschung —

Jahrbuch 1964 des Landesamtes für Forschung
Herausgeber: Der Ministerpräsident des Landes Nordrhein-Westfalen — Landesamt für Forschung —

Jahrbuch 1965 des Landesamtes für Forschung
Herausgeber: Der Ministerpräsident des Landes Nordrhein-Westfalen — Landesamt für Forschung —

GPSR Compliance

The European Union's (EU) General Product Safety Regulation (GPSR) is a set of rules that requires consumer products to be safe and our obligations to ensure this.

If you have any concerns about our products, you can contact us on ProductSafety@springernature.com

In case Publisher is established outside the EU, the EU authorized representative is:

Springer Nature Customer Service Center GmbH
Europaplatz 3
69115 Heidelberg, Germany

Batch number: 10584556

Printed by Printforce, the Netherlands